Werner Hoch

Es fing nicht erst mit Noah an

Verschollene Kulturen

Universitas

Bildnachweis:
Archiv für Kunst und Geschichte, Berlin (4, 6–12, 14, 21–23, 26)
Süddeutsche Zeitung, Bilderdienst, München
(1, 2, 13, 16–18, 20, 25, 27–29)
Ullstein, Bilderdienst, Berlin (3 und 5 A. Hahn,
15 J. Messerschmidt, 19 J. Schörken, 24)

Schutzumschlag: Wolfgang Heinzel
Foto für den Schutzumschlag: The Image Bank, München
Satz: Fotosatz Völkl, Germering
Druck: Jos. C. Huber KG, Dießen
Binden: R. Oldenbourg, München
Printed in Germany
ISBN 3-8004-1243-8

Inhaltsverzeichnis

Einleitung

Dieses Buch vertritt die These, daß vor den uns bekannten Hochkulturen bereits eine fortgeschrittene Zivilisation existierte. Da aber bisher kaum etwas gefunden wurde, das diese Auffassung bestätigt, und das wenige Entdeckte von den einschlägigen Fachleuten nicht anerkannt wird, erscheint diese Behauptung auf den ersten Blick als unvernünftig. Aber das ist durchaus nicht der Fall. Bei unserem Streifzug durch die Räume der hinter uns liegenden Epochen treffen wir nämlich auf die merkwürdige Tatsache, daß der Fortschritt der Menschheit zugleich auch ein Rückschritt ist.

Irgendwann erkannten sich die Menschen als intellektuelle Wesen und begannen zu lernen. Was aber seit jener Zeit aus ihrem Bewußtsein wieder entschwand, ist beinahe unglaublich. Die Vergeßlichkeit ist ein Phänomen im menschlichen Dasein.

So hatte man zum Beispiel von den Hethitern keine blasse Ahnung mehr, bis deren Überreste erstmals 1736 bekannt wurden, obwohl ihr Name des öfteren in der Bibel genannt wird. Der von Johann Ludwig Burckhardt 1812 gefundene und inzwischen berühmt gewordene ›Stein von Hamath‹, der hethitische Inschriften trägt, fand damals keine Beachtung und geriet wieder in Vergessenheit. Als er 1870 erneut entdeckt wurde, erkannte man schließlich seine Bedeutung. Aber erst 1890 stieg das Hethiterreich endgültig aus dem Dunkel der Vergangenheit empor. Dabei war

dieses Reich ebenso mächtig wie Ägypten. Und beide Völker existierten sogar nebeneinander.
Gleichfalls vergessen waren die Sumerer in Mesopotamien (Irak) und die Kultur La Venta auf der anderen Seite des Atlantiks in Mittelamerika. Doch ausgerechnet von diesen Kulturen gingen Impulse aus, die nachfolgende Generationen stark beeinflußten.
Wir müssen jedoch gar nicht so weit in die Vergangenheit zurückgehen. Als die ›Mary Rose‹, das Flaggschiff des englischen Königs Heinrich VIII., 1969 aus dem Schlamm des Hafens von Portsmouth gehoben wurde, machten die Fachleute eine interessante Entdeckung. Die dabei geborgene und zum Schiff gehörende Kanone bestand aus Eisenblechen, die verschweißt waren. Die Kenntnis dieses Verfahrens hatte man den Technikern des 16. Jahrhunderts nicht zugetraut. Und die heutigen Bewohner Kambodschas, Nachkommen der Khmer, glauben, daß die Anlage Angkor von Riesen und Göttern erbaut wurde.
Diese Beispiele zeigen nur allzu deutlich, daß der menschliche Fortschritt auch von der Vergeßlichkeit geprägt ist.
Angesichts der unvollständigen Kenntnisse historischer Ereignisse und jüngster Errungenschaften kann es nicht verwundern, wenn unsere Unwissenheit von einer Kultur noch größer ist, die vor etwa 12 000 Jahren blühte.
Eine schon bestehende Zivilisation hätte sich aber kontinuierlich weiterentwickeln müssen. Wir haben das jedenfalls seit dem Aufschwung der uns bekannten Hochkulturen getan, weil es auch dem menschlichen

Wesen entspricht. Irgendwas muß also in der Vergangenheit geschehen sein. Und tatsächlich ist solch ein Ereignis entdeckt worden.
Vor etwa 12 000 Jahren stieß ein Planetoid mit der Erde zusammen. Infolge der ungeheuren Wucht des Aufschlags kippte die Rotationsachse unseres Planeten aus ihrer Stellung. Daß dieser Vorgang für alles Leben auf dem Globus verheerende Folgen hatte, liegt auf der Hand. Kulturen gingen zugrunde, und die Entwicklung der Menschheit war mit einem Schlag unterbrochen.
Daß wir existieren, beweist, daß es damals Überlebende der Katastrophe gab. Nun ist es aber für einen Menschen unmöglich, alle Errungenschaften einer Zivilisation im Kopf zu haben. Und bei diesem Ereignis überstanden sicherlich nicht nur die klügsten Leute das Unglück. Die Nachkommen der untergegangenen Kultur hatten also bereits Wissen verloren. Und doch treffen wir in verschiedenen Regionen der hinter uns liegenden Epochen Erkenntnisse an, die es in jener Zeit nach dem heutigen Forschungsstand nicht geben konnte.
Fachleute erklären solche Glanzpunkte nicht als Spuren einer hohen Entwicklungsstufe, sondern als intuitive Eingebungen der Alten. Und damit ist für sie die Sache erledigt. Aber nicht alles ist mit der Intuition zu deuten. Es kann daher nicht schaden, wenn die Experten daran erinnert werden, daß die Aufgabe der Wissenschaft darin besteht, die Wahrheit aufzuspüren, wo immer sie auch sein mag; sie unverfälscht aufzuzeichnen, egal in welcher Form sie ihr entgegentritt; sie dar-

zulegen und ohne Vorurteile und ohne Rücksicht auf das Ergebnis daraus die Folgerungen zu ziehen.
In diesem Sinne sollte auch das vorliegende Buch gelesen werden.

Kapitel 1

Ungelöste Techniken der Alten

Die ersten Schritte /
Entdeckungen, die verblüffen /
Moderne Technologien im Altertum /
Was ist eine Intuition? /
Die Altvorderen waren keine Hinterwäldler /
Das Rätsel der Steintransporte

Etwa um 8000 v. Chr. begannen die in den Bergen lebenden Menschen ihre Höhlen und Felsüberhänge zu verlassen und ins offene Gelände überzusiedeln. Aber sie wohnten nicht einfach im Freien, sondern bauten sich Häuser aus Stein. Wie sie das ohne jegliche Erfahrung im Bauhandwerk fertigbrachten, grenzt schon an ein kleines Wunder. Die Ausgräber fanden zum Beispiel in Beidha, nahe der alten Stadt Petra (Jordanien), in den Räumen der Häuser Fußböden vor, die stark an Terrazzoböden von heute erinnern. Der Fußboden aus Mörtel war mit Steinabschlägen gemustert und hervorragend glattgeschliffen, was von einer gehobenen Wohnkultur zeugt. Beidha entstand vor etwa 9000 Jahren.
Erst vor wenigen Jahren wurde in Mureybet, rund 80 Kilometer südöstlich von Aleppo (Syrien), von M. van Loon und J. Cauvin eine Siedlung aus dem 9. Jahrtausend v. Chr. freigelegt. Nicht das Alter dieser Ortschaft überraschte, sondern die Tatsache, daß die Häuser aus Lehm bestanden und außerordentlich gut ge-

baut waren. Die Bewohner stellten bereits Keramiken her und trieben Ackerbau.

Von den Menschen in der Siedlung Cayönü bei Diyarbakir in Anatolien (Türkei) waren in jener Epoche Akkerbau und Viehzucht bereits voll entwickelt worden, und dort wurde schon Kupfer verarbeitet, also einige Jahrtausende vor dem eigentlichen Kupferzeitalter.

Es sind sogar Siedlungen entdeckt worden, die um 10000 v. Chr. gegründet wurden. Ihre Bewohner bestellten die Felder, sind aber offenbar zwischendurch mal weitergezogen, um dann wieder zurückzukehren. Bereits in jener Zeit ist vieles wieder vergessen worden, was sich anhand von späteren Funden nachweisen läßt. Das zeigt unter anderem die von dem Archäologen Braidwood in Garmo (Irak) ausgegrabene Keramik. Eigenartigerweise wurde die Qualität in tieferen Schichten immer besser. Ein gewaltsamer Umbruch, zum Beispiel eine Übernahme der Siedlung durch eine primitivere Kultur, konnte nicht festgestellt werden. Die Verminderung der Qualität verlief sozusagen kontinuierlich, was nur auf einen Schwund an Wissen zurückgeführt werden kann.

Wenn Kenntnisse verlorengingen, dann müssen sie vordem höher gewesen sein. Für jene Epoche mutet das recht seltsam an, denn als die Altvorderen ihre felsigen Unterkünfte verließen, hätte eigentlich eine Phase des Lernens beginnen müssen. Doch seltsamerweise war das nicht der Fall. Statt zu lernen, hat man vergessen. Der erste Schritt in Richtung Zivilisation ist also schon ein Rätsel.

Wie viele Dörfer es vor Jahrtausenden gab, weiß niemand zu sagen. Doch mit ein wenig Glück wird hier und da ein Ort entdeckt, der vom Wind der Zeit zugedeckt wurde. So gelang es James Mellaart, einem Archäologen englisch-holländischer Herkunft, 1961 eine frühzeitliche Stadtsiedlung freizulegen, die bald darauf in Fachkreisen zu einer Sensation wurde. Mit Catal Hüyük gelang ihm ein Volltreffer, wie er einem Archäologen wohl nur einmal in seinem Berufsleben beschieden ist. In der zehnten Besiedelungsschicht bauten die Menschen damals nicht weniger als 14 Kulturpflanzen an, wie zum Beispiel Erbsen, Gerste, Weizen, Linsen und so weiter. Es gab Kornspeicher, die den Erntevorrat aufnahmen. Außerdem fand man die Knochen von Schafen, Ziegen und Rindern. Jedes Haus besaß einen eigenen Backofen. Catal Hüyük existierte ebenfalls schon vor 9000 Jahren. Wie aber konnten die Menschen, eben seßhaft geworden und kaum daß sie gelernt hatten, ein Feld zu bestellen, gleich 14 Kulturpflanzen anbauen? Und sie produzierten sogar mehr, als sie für sich brauchten. Es sind eindeutige Hinweise gefunden worden, daß auch Handel getrieben wurde. Wie soll man das mit dem Expertenwissen in Einklang bringen, wonach der Sammler eben in dieser Epoche begann sich niederzulassen? Catal Hüyük, das ebenfalls in Anatolien liegt, hielt für die Ausgräber aber noch weitere Überraschungen bereit. Sie entdeckten unter anderem auch zahlreiche Artefakte (künstlich Hergestelltes), die von den Handwerkern der Stadt angefertigt worden sind. So wurden Perlen aus Obsidian gefunden, in denen sich winzige Löcher befanden. Obsidian ist ein Vulkangestein, das sich aus dem nach oben geschleuderten Magma bildet. Infolge rascher Abkühlung entsteht ein sehr hartes Gestein von dunkel glänzendem Aussehen. Die Löcher in diesen Perlen lassen zweierlei erkennen. Man mußte ein Werkzeug besitzen, mit dessen Hilfe dieser harte Stein bearbeitet werden konnte. Was für ein Material wurde zum Beispiel für den Bohrer genommen? Perlen haben meist die Bestimmung, aneinandergereiht als Kette getragen zu werden. Welches Verfahren kannten die Catal-Hüyük-Leute, einen so hauchdünnen Draht herzustellen, um die Perlen aufzuziehen? Selbst feine Sehnen von Tieren waren dafür noch zu dick. Und um die letzte Frage zu stellen: Wie wurden die Perlen angefertigt?

Die Reihe der Überraschungen war damit noch nicht zu Ende. Die Menschen dort kleideten sich mit Stoffen, die entweder gefärbt oder mit Farbmustern bedruckt waren. Die Damen dieser Stadtsiedlung hatten in den Saum ihrer Röcke kleine Kupferwalzen eingenäht, um so einen besseren Sitz des Kleidungsstückes zu erreichen.

Stoffe müssen erst gewebt und entsprechend behandelt werden, bevor man sie färben oder mit Farbmustern versehen kann. Dazu benötigten die jeweiligen Meister Kenntnisse, die nicht von einem Tag auf den anderen zu erwerben sind.

Doch der Clou von allem war folgende Entdeckung: Den Experten in diesem Ort war das Kunststück gelungen, Silberfäden in die Stoffe einzuziehen, ohne daß im Laufe der Zeit eine Oxydation auftrat. Obwohl wir heute eine hochentwickelte Technologie besitzen,

gelang es den Wissenschaftlern unserer Tage nicht, das Geheimnis dieser Technik zu enträtseln.
Für Mellaart war Catal Hüyük ein »einzigartiges Phänomen«, in dem sich vor 9000 Jahren ein vielfältiges, buntes Leben abspielte. Wäre diese Fundstelle ein Einzelfall, könnte man die Entdeckung mit Stillschweigen übergehen, weil sie dann nur eine Ausnahme sein dürfte. Aber es gibt zahlreiche solcher Orte, die ein Wissen widerspiegeln, das in jener Zeit, nach unseren Erkenntnissen, nicht vorhanden gewesen sein kann.
Genaugenommen geht es nicht um den Schmuck an sich, sondern um die einzelnen Verfahren, solchen Zierat herzustellen. Wenn nämlich die Experten in Catal Hüyük Silberfäden in Stoffe einzogen, dann muß man dazu wissen, daß Silber in der Natur nur unrein vorkommt. Das heißt, der Werkstoff mußte erst gewonnen und danach entsprechend bearbeitet werden. Bedenken wir die Zeit, in der das geschah, kann man wirklich nur staunen.
Mit Respekt müssen wir auch bewundern, was uns die Inder hinterließen. Sie fertigten vor 5000 Jahren ebenfalls Perlen an. Der Durchmesser beträgt genau 0,5 Millimeter. Und in diesen Kügelchen befinden sich Löcher, die, unfaßbar, einen Durchmesser von nur 0,25 Millimetern besitzen. Die Perlen wurden noch weiter bearbeitet, indem man sie mit verschiedenen Laugen behandelte.
Ferner entdeckten die Forscher, daß die Inder schon damals in der Lage waren, Temperaturen um 1000 Grad Celsius zu erreichen. Und das ist in der Tat erstaunlich, denn bislang galten die Chinesen als die er-

sten, die solche Temperaturen bei der Herstellung ihres Porzellans im 7. Jahrhundert v. Chr. erreichten. In Europa gelang dies sogar erst 1708, als Johann Friedrich Böttger (1682–1719) endlich herausgefunden hatte, wie ein Brennofen gebaut werden mußte, um die entsprechenden Wärmegrade zu erhalten.
Schon 2000 Jahre vor den Indern arbeiteten Menschen der Tell-Halaf- und Samarra-Kulturen, am oberen und mittleren Tigris beheimatet, mit solchen Temperaturen. Ihre Öfen waren sogar mit Einrichtungen versehen, um die Zugluft regulieren zu können. In seiner ›Urgeschichte der Kultur‹ schreibt Professor Karl J. Narr dazu: »Die Qualität dieser Artefakte ist so hoch, daß angenommen werden muß, hier bereits eine spezielle Fertigungsstätte für Töpferwaren zu sehen.«
Wer aber brauchte damals qualitativ hochwertige Töpferwaren? Vor 7000 Jahren existierte nämlich noch keine Hochkultur, denn es vergingen noch runde 2000 Jahre, bevor Ägypten in die Geschichte eintrat.
Auch in der Neuen Welt ist die Entwicklung anders verlaufen, als bislang vermutet, und kann mit der offiziellen Version nicht mehr in Einklang gebracht werden. Das zeigen die erst vor wenigen Jahren entdeckten Fundstätten in Belize im früheren Britisch-Honduras. Dort wurden von einem Team des Britischen Museums und der Universität Cambridge qualitativ erstklassige Keramiken gefunden. Nach Meinung der Fachleute ist die Technik als ausgereift anzusehen. Das allerdings ist nicht das Überraschende an der Entdekkung. Sensationell ist vielmehr das Alter dieser Stücke. Sie wurden in einer Zeit hergestellt, die rund 5000

Jahre vor der Gegenwart liegt. Das heißt: Die Anfänge der Mayakultur, bisher um 900 v. Chr. angenommen, müssen um über 1500 Jahre zurückdatiert werden.
Hier muß noch einmal an Catal Hüyük erinnert werden, wo bereits in eigens dafür erbauten Öfen Tongefäße gebrannt wurden, während man in anderen Regionen den Ton nur am offenen Feuer härtete.
Als der weltbekannte Gelehrte Nelson Glueck die ›Schmelzwerke des Königs Salomo‹ fand und damit einiges Aufsehen in der Fachwelt erregte, waren schon Jahrtausende technologischer Entwicklung vergangen. Und dennoch zählt diese Entdeckung nicht zu den alltäglichen Dingen in jener Epoche (der Herrscher von Juda regierte von 965–926 v. Chr.). Während Glueck und seine Leute die Verhüttungsanlage des Königs freilegten, mußte sich der Gelehrte immer wieder wundern, warum man für den Standort ausgerechnet den ungünstigsten Platz gewählt hatte. Ständig wehte nämlich vom Golf von Akaba eine steife Brise herüber, die das Arbeiten im Sand zur Qual werden ließ. Mühsam wurde der Sand beiseite geschaufelt. Als dann die Bauten endlich freigelegt waren und näher untersucht wurden, erkannte Glueck, warum gerade diese Stelle für die Kupferhütte in Frage gekommen war. Man entdeckte nämlich raffiniert angelegte Kanäle, durch die dem Schmelzgut Luft zugeführt werden konnte. Die Luftzufuhr war also regulierbar. Je nach Bedarf öffnete oder schloß man einen oder mehrere Kanäle. Ganz am Rande: Die Schmelztemperatur von Kupfer liegt bei etwa 1080 Grad Celsius!

Als der Engländer Sir Henry Bessemer (1813–1898) um die Mitte des vorigen Jahrhunderts das nach ihm benannte Verfahren entwickelte, das mit Hilfe von Wind (Windfrischen) die Stahlerzeugung modernisierte, ahnte niemand etwas davon, daß die Kupferhütte des Königs Salomo wie auch die Brennöfen der Tell-Halaf- und Samarra-Kulturen nach dem gleichen Prinzip arbeiteten. Allerdings sind diese Entwicklungsstufen 3000 beziehungsweise 7000 Jahre vor Bessemer anzusiedeln.

Dennoch können die ›Schmelzwerke‹ des jüdischen Königs aus technologischer Sicht akzeptiert werden. Dagegen fallen die Brenntechniken der zuletzt genannten Kulturen aus dem Rahmen, und zwar deshalb, weil der Bedarf des Menschen erst mit der weiteren Entwicklung steigt. Auf unsere Zeit übertragen, heißt das: Es würde keinen Sinn gehabt haben, den Videorecorder zu erfinden, wenn es noch kein Fernsehen gegeben hätte.

Um so mehr muß überraschen, was die Forscher in Indien entdeckten. Dort wurde nämlich schon vor langer Zeit Eisen verarbeitet. Zwar werden die Hethiter als die Erfinder der Eisenverarbeitung im großen Stil genannt, aber sicher ist das keineswegs. Dieses Metall war im 3. Jahrtausend v. Chr. nicht nur in Mesopotamien, sondern auch in Indien bekannt. Bereits um 2500 v. Chr. existierte dort eine hochentwickelte Eisenindustrie. Das beweisen die in Zentralindien entdeckten riesigen Schlackenhalden. In Gräbern aus der Zeit um 1500 v. Chr. gefundene Gegenstände aus Eisen offenbaren, daß dieses Metall auch gegossen wurde.

Vermutlich gab es aber nur den Vollguß. Die Stücke bestehen nämlich vollkommen aus Eisen.
Die damaligen Experten müssen auch eine Technik gekannt haben, chemisch reines Eisen herzustellen. Daraus besteht die ›Kutubsäule‹ in der Nähe von Delhi. Sie soll im 9. Jahrhundert vor der Zeitenwende im Freien aufgestellt worden sein. Chemisch reines Eisen rostet nicht. Und in der Tat zeigt die Säule, seit rund 3000 Jahren der Witterung ausgesetzt, keinen Rostfleck.
Eisen herzustellen, das chemisch rein ist, galt jedoch als eine Errungenschaft der Neuzeit. Jedenfalls hatte man das geglaubt. Nun mußten die Fachleute verblüfft feststellen, daß die Inder schon damals dazu fähig waren.
Diese Tatsache läßt jedoch mehr erkennen. Gediegenes Eisen wird nämlich recht selten gefunden. Andererseits zeigen die riesigen Schlackenhalden, daß dieses Metall in Mengen gewonnen wurde. Folglich muß auch der Erzbergbau in jener Zeit in hoher Blüte gestanden haben.
Solche Techniken wie die bisher erwähnten ragen weit über das hinaus, was in jenen Epochen allgemein bekannt war. Da sich dieser hohe Standard selbst bewiesen hat, kann er natürlich nicht bestritten werden. Normalerweise hätte sich nun die Entwicklung an diesen Orten kontinuierlich fortsetzen müssen. Das aber ist nicht der Fall gewesen, im Gegenteil: Die Kenntnisse, die man erworben hatte, gingen wieder verloren. Demnach, so wird argumentiert, waren solche Techniken bestenfalls das Ergebnis intuitiver Eingebungen. Es setzte ein kurzer Aufschwung ein, der dann im

Sande verlief, weil die Idee ihrer Zeit zu weit voraus war.

Wenn das Wort Intuition so häufig dafür herhalten muß, um eine Sache zu deuten, dann sollten wir untersuchen, was damit überhaupt gemeint ist. Eine Intuition ist ein an kein Sinnesorgan gebundener Erkenntnis- oder Denkvorgang. Aber es wäre völlig sinnlos, zu einer nicht existierenden Sache, von der man naturgemäß nicht wissen kann, ob sie jemals vorhanden sein wird, einen spontanen Einfall zu haben.

Ein Beispiel soll das verdeutlichen.

Stellen wir uns vor, ein Mann steht genau an dem Punkt, an dem der jüdische König seine Kupferhütte errichten ließ. Er bemerkt die kräftigen und beständigen Winde, die vom Golf herüberwehen. Plötzlich überkommt ihn die Eingebung, diese Winde auszunutzen. Aber warum und wofür? Um Windmühlen damit anzutreiben? Das ist nicht möglich, wenn es keine gibt und sie infolgedessen unbekannt sind.

Wir sehen schon, der Mann muß eine Vorstellung von dem haben, was mit der von der Natur gelieferten Kraft anzufangen ist. In diesem Fall muß er mit der Technik eines Schmelzwerkes vertraut sein, um die plötzliche Idee verwirklichen zu können. Wo nichts ist, kann auch die schönste Intuition zu keinen weiteren Erkenntnissen beitragen. Demzufolge ist eine spontane Eingebung nicht mehr als eine Art Verbesserungsvorschlag für eine bereits (zumindest in der Vorstellung) bestehende Sache. Eine Idee kann weiterhelfen, aber keineswegs aus dem NICHTS etwas völlig Neues schaffen, das auf Anhieb funktioniert. Und genau darauf kommt es an, wenn wir unerklärlichen Technologien aus der Vergangenheit begegnen und sie mit intuitiven Eingebungen deuten wollen. Ohne Frage ist vieles von den Nachkommen wieder vergessen worden, was in späteren Zeiten nochmals erfunden und entwickelt werden mußte. Im weiteren Verlauf werden wir des öfteren auf diese merkwürdige Tatsache stoßen. Sie führte zu der irrigen Annahme, unsere frühen Vorfahren seien technische Analphabeten gewesen. So durften sie zum Beispiel keine Ahnung davon haben, wie Vergrößerungsgläser angefertigt werden. Und doch wurden solche gefunden. Aber lange Zeit bestritten die Fachleute hartnäckig, daß die Alten Lupen gekannt haben. Dabei mußten die einschlägigen Experten sich selbst so ein Ding unter die Nase halten, um zu erkennen, was damals geschaffen wurde. Als nämlich die Tontafel-Bibliothek des Königs Assurbanipal (669–629 v. Chr.) entdeckt wurde, befanden sich unter den Tausenden von Tontafeln auch solche, die kaum größer waren als eine Briefmarke. Und doch enthielten sie vollständige Gedichte. Auf zwei sumerischen Täfelchen, die 76 Millimeter lang und 50 Millimeter breit sind, fand man 62 literarische Werke.

Inzwischen sind weitere Gläser gefunden worden, so daß ihre Existenz nicht mehr geleugnet werden kann. Damit müssen die Stücke natürlich erklärt werden. Das ist auch geschehen, doch klingt die Auslegung nicht überzeugend. Es wird nämlich gesagt, daß diese Gläser nur als Schmuck getragen wurden. Es mag durchaus möglich, ja sogar wahrscheinlich sein, daß man solche Gläser auch als Schmuckstücke verwendete. Doch ist ebenso sicher ihr Vergrößerungseffekt nicht unbemerkt geblieben. Die Neugier ist einer der starken Triebe im Menschen. Das hat uns schon der Homo sapiens vor über 100000 Jahren bewiesen. Hatte man erst einmal bemerkt, daß ein betrachteter Gegenstand scheinbar näher rückte, wenn man ihn durch ein derartiges Glas anschaute, dann dürfte es nicht mehr lange gedauert haben, bis der wahre Nutzwert erkannt wurde.

Natürlich prüfte der Meister seine Arbeit, das heißt, er sah auf das Glas und damit hindurch. Es konnte also gar nicht ausbleiben, daß er den Vergrößerungseffekt bemerkte.

Damit haben wir wieder Gelegenheit, die Handwerker jener Zeit zu bewundern, denn die gefundenen Lupen bestehen aus Bergkristall. Dieses Material aber ist ungewöhnlich hart. Nach der zehnteiligen Härteskala von Mohs (Friedrich Mohs, Mineraloge, 1773–1839) nimmt Bergkristall den siebten Rang ein, ist also sehr schwer zu bearbeiten. Dennoch fertigten die Alten nicht nur Linsen aus diesem Material. Bekannt geworden ist zum Beispiel ein Kopf aus Bergkristall, der in Britisch-Honduras gefunden wurde. Die Formgebung ist vollendet und die Verarbeitung makellos. Bergkristall ist ein Quarz, der bis zu einen Meter große Kristalle bilden kann. Wie wurden die Stücke zerkleinert, um sie auf die gewünschte Größe zu bringen? Welche Schleifart war bekannt? Denken wir nur an den technischen Aufwand, der heute betrieben wird, um Linsen herzustellen, dann kann in etwa ermessen werden, zu

welchen Leistungen die Alten fähig waren und über welches Wissen sie verfügten.
Ohne Frage besaßen die damaligen Handwerker ein meisterliches Können. Entwickelten sie aber auch die in den Artefakten versteckten Techniken? Es sind nämlich Fundstücke ans Tageslicht geholt worden, deren Herstellung den Fachleuten lange ein Rätsel blieb. Die Gegenstände sind mit einer hauchdünnen Goldschicht von so gleichmäßiger Beschaffenheit überzogen worden, daß sie nicht auf eine manuelle Tätigkeit schließen läßt. Aber welches Verfahren hatten die Alten angewendet?
Taucht man einen Gegenstand in eine Flüssigkeit (Tauchverfahren), dann wird diese nach dem Herausheben des Stückes nach unten ablaufen. Zwangsläufig muß daher der Überzug unten etwas dicker sein als oben. Das war bei den Artefakten nicht der Fall. Also mußte das Tauchverfahren ausscheiden. Auch eine Feuervergoldung kam nicht in Frage, weil sie dickere Schichten liefert. Die angewendete Technik blieb daher unbekannt und der Fund in dieser Hinsicht ein Rätsel.
Eine Entdeckung des deutschen Archäologen Wilhelm König brachte die Erklärung. Im Jahre 1936 fand der Gelehrte in der Nähe von Bagdad seltsame Gegenstände (dort im Museum zu besichtigen), deren ehemaliger Verwendungszweck zunächst unklar blieb. Es handelte sich bei den Funden um ovale Tonflaschen, deren Höhe 14 Zentimeter und deren größter Durchmesser acht Zentimeter beträgt. In der Flasche befindet sich ein Kupferzylinder, dessen unteres Ende eben-

falls mit Kupferblech verschlossen ist. Im Zylinder steckt ein inzwischen oxydierter Eisenstab von 75 Millimetern Länge. Die obere Öffnung ist vermutlich mit Asphalt abgedichtet gewesen.
Nachdem alle Untersuchungen, auch chemische, abgeschlossen waren, kam König zu der Überzeugung, daß es sich bei diesen Fundstücken um galvanische Elemente handelte. Wir würden heute schlicht Trockenbatterien dazu sagen. Und es waren in der Tat galvanische Elemente. 1978 wurde solch ein Gerät in Hildesheim nachgebaut, als das Iraq-Museum dort eine Ausstellung durchführte. Der mit Weinessig gefüllte Zylinder erzeugte eine Spannung von 0,5 Volt. Moderne Batterien liefern eine Spannung von 1,5 Volt. Inzwischen sind weitere von diesen Artefakten im Mittleren Osten gefunden worden, so daß auf eine häufige Anwendung derartiger Stromerzeuger geschlossen werden kann. Die Batterien dienten mit hoher Wahrscheinlichkeit unter anderem auch dazu, mit Hilfe des Elektrolytverfahrens Gegenstände mit einem feinen Goldüberzug zu versehen. Diese Methode hat den Vorteil, im Prinzip recht einfach zu sein. Dazu wird heute eine Metallsalzlösung verwendet. In diese Flüssigkeit werden der zu überziehende Teil (Kathode) und das Überzugsmaterial (Anode) gegeben. Beginnt nun der Strom zu fließen, wandern die Ladungsträger von der Anode zur Kathode beziehungsweise das Gold zum Gegenstand, der mit einem Überzug versehen werden soll. Der Niederschlag ist absolut gleichmäßig, seine Dicke hängt von der Einwirkzeit und der Stromdichte ab. Da die gefundenen Stücke so gleichmäßig

mit Gold überzogen sind, wie es nur mit Hilfe des Elektrolytverfahrens möglich ist, muß angenommen werden, daß die Technik schon damals bekannt war.
Der Einwand, dieses System konnte nicht zur Anwendung kommen, weil die Alten keine isolierten Drähte kannten, ist im Hinblick auf die hohen Kenntnisse unserer Ahnen nicht sehr ernst zu nehmen. Die Entdekkung von König ist jedenfalls bemerkenswert, denn erst im vorigen Jahrhundert wurden solche Stromerzeuger erneut hergestellt, und zwar von dem italienischen Physiker Alessandro Volta (1745–1827) und dem französischen Chemiker G. LeLanché (1839–1882).
In der Neuen Welt sind ebenfalls Gegenstände gefunden worden, die mit einem sehr feinen, aber gleichmäßigen Überzug aus Gold versehen sind. Das Elektrolytverfahren scheint also auch jenseits des Atlantiks bekannt gewesen zu sein.
Die Artefakte im Mittleren Osten stammen aus der Epoche um die Zeitenwende. Die Kenntnis und Anwendung von Elektrizität ist demnach keine Errungenschaft der Neuzeit, sondern mindestens schon 2000 Jahre alt.
Aber auch ohne diese Stücke gibt es Anhaltspunkte in dieser Richtung. Nur wurden sie nicht beachtet oder als überspannt zurückgewiesen. In diesem Zusammenhang deshalb eine Frage: Würde die Existenz der großen Pyramiden in aller Welt heute anerkannt werden, wenn es davon nur schriftliche Zeugnisse gäbe?
Ob es nun gefällt oder nicht, die Alten verwendeten das, was wir allgemein, wenn auch nicht ganz korrekt, als Strom bezeichnen. Und sie benutzten diese Technik

offenbar für alle möglichen Arbeiten. Als nämlich die Touristen der Antike, später die Römer und nach ihnen die ersten Wissenschaftler, die Cheops-Pyramide besuchten, hinterließen sie deutlich erkennbare Spuren ihrer Fackeln. Eigenartig ist die Tatsache, daß die aus mehreren Räumen bestehenden und unter der Erde liegenden Gräber im Tal der Könige bei Theben (Ägypten) keinerlei Rußspuren eines brennbaren Materials aufweisen, obwohl die Anlagen vor den Griechen entstanden sind. Es kann deshalb keinen Zweifel geben: Den Handwerkern und erst recht den Malern muß eine andere Beleuchtungsquelle zur Verfügung gestanden haben als Fackeln. Die Wände und Decken sind nämlich mit wunderbar erhaltenen Bildern und Hieroglyphen bemalt.

Eine bildhafte Darstellung im Tempel der Hathor in Dendera (Ägypten) zeigt zwei Männer, von denen jeder ein Gerät in den Händen hält, das große Ähnlichkeit mit einer überdimensionierten Glühlampe hat. Deutlich erkennbar sind Kabel, die zu einem Gerät (Generator?) laufen. Die Glühfäden sind als Schlangen wiedergegeben. Das Relief wurde als Kultstätte gedeutet. Hathor, zunächst eine Kuhgöttin, wurde sehr früh zur Himmelsgöttin. Ihr Gemahl wurde Horus, der Lichtgott. Finden wir deshalb die Lampen im Tempel der Hathor?

Daß der Energieträger des 20. Jahrhunderts, die Elektrizität, bereits im Altertum bekannt war, scheint wieder einmal die Entwicklung auf den Kopf zu stellen. Professor Wilhelm Selhus glaubt aufgrund seiner Studien annehmen zu dürfen, daß vor 2000 Jahren nicht nur kleine galvanische Elemente hergestellt wurden, sondern große Elektrizitätswerke in Gebrauch waren. Allerdings sind bei ihm Außerirdische am Werk gewesen. Wie dem auch sei, wir müssen uns mit dem Gedanken vertraut machen, daß die Elektrizität in jener Zeit nicht unbekannt gewesen ist.

Offenbar sind diese Stromerzeuger nur dann eingesetzt worden, wenn an Gräbern, heiligen Stätten usw. gearbeitet wurde. Vermutlich sah man darin etwas Göttliches. Vielleicht war es auch ein Geschenk der Götter (höherentwickelte Menschen) und wurde deshalb der breiten Masse nicht zugänglich. Auf jeden Fall ist damit wieder ein Punkt aufgedeckt worden, der nicht mit dem Bild übereinstimmt, das die Historiker von der Vergangenheit gezeichnet haben.

Es existieren jedoch noch andere Artefakte aus jenen Epochen, deren Bestimmung wohl sofort zu erkennen ist, deshalb aber nicht weniger rätselhaft bleibt. So ist Email heute ein weitverbreitetes Material, das in Ägypten bereits vor 6000 Jahren bekannt war. Email ist ein überwiegend farbiger Glasfluß, der als Schmuck Verwendung findet oder als Schutz auf andere Werkstoffe aufgetragen werden kann. Die Grundstoffe sind unter anderem Quarz, Borax, Borsäure, Kali- und Natronsalpeter, Bleiweiß, Tonerde. Es schmilzt bei etwa 800 Grad Celsius. Grabfunde aus dem Lande des Nil beweisen uns die recht häufige Verwendung dieses Materials.

Blaue emaillierte Perlen entdeckte man auch in Assur, die 3000 Jahre v. Chr. angefertigt wurden. Der Verwendungszweck ist also erkennbar. Und doch verraten solche Fundstücke mehr, ohne allerdings die wahren Erkenntnisse zu offenbaren. Zunächst einmal: Email ist kein lebensnotwendiger Artikel, das heißt, es bestand kein zwingender Anlaß, dieses Material aus den genannten Grundstoffen zu gewinnen. Da die Arbeiten schon um 4000 v. Chr. als ausgereift anzusehen sind, müssen wir uns fragen, warum man sich die Mühe machte, vor 6000 Jahren Email herzustellen. Bis zur ersten Hochkultur vergingen ja noch rund 1000 Jahre. Außerdem sind fundierte Kenntnisse in der Mineralogie die Voraussetzung dafür, die oben erwähnten Bestandteile zu finden und dann nach einem nicht unkomplizierten Verfahren Email aus ihnen zu gewinnen. Die Probiermethode wird kaum zu einem Erfolg führen. Dies ist jedoch ebenfalls an eine Bedingung geknüpft: Man muß vorher wissen, was man haben will. Daß Schmuck seit jeher ein begehrter Artikel war, ist durch zahlreiche Funde bestätigt worden, wobei die Stücke in der Regel dem Standard der Epoche entsprachen, in der sie hergestellt wurden. Um jedoch Email zu erhalten, benötigt man eine moderne Technik. Und die paßt nicht so recht in jene Zeit. Email sollte ja, wenn es als Überzug verwendet wurde, auf dem Metall festsitzen, also aufgebrannt werden. Das heißt: Gegenstand und Überzugsmaterial mußten bei dem Vorgang eine entsprechende Temperatur haben. Um nun den gewünschten Effekt zu erreichen, müssen sich beide Materialien gleichmäßig ausdehnen und zusammenziehen. Physikalisch ausgedrückt: Beide Werkstoffe müssen den gleichen ›Ausdehnungskoeffizienten‹ besitzen. Ist dies nicht der Fall, wird das Email rissig und fällt vom Körper ab, auf den es aufgetragen wurde. Da aber nun zwei Werkstoffe höchst selten die gleiche Ausdehnungsziffer haben, muß mit technischen Finessen nachgeholfen werden. Und dieses Wissen war vorhanden, wie die Funde beweisen.

Dasselbe trifft auch auf ein anderes Verfahren zu. Etwa 27 Kilometer von Guatemala City entfernt liegt in 1200 Metern Höhe der Amatitlan-See. Dort wurde 1958 ein Krug aus dem Wasser geborgen, der dem Gott Tlaloc geweiht war und einen ungewöhnlichen Inhalt hatte – flüssiges Quecksilber! Stephan Borhegy, ein ungarischer Archäologe, der am Public Museum in Milwaukee (USA) tätig war, wollte hier mit seinen Studenten das Gebiet um den See kartographisch erfassen, als dieser Fund gemacht wurde. Die weiteren Artefakte, die man dort entdeckte, konnten in eine Zeit um 1000 bis 200 v. Chr. datiert werden. Allerdings war das nicht der erste Fund dieser Art. Nachweisbar sind schon im Altertum in Almadén (Spanien) Zinnobererze für die Gewinnung von Quecksilber abgebaut worden.

Quecksilber ist eines der seltensten Elemente auf der Erde. Das Verfahren zur Herstellung ist nicht ganz einfach. Heute werden die Zinnobererze in sogenannten Röstöfen unter Luftzufuhr stark erhitzt, wobei das Material in Dampf übergeht und daher durch Abkühlung wieder kondensiert werden muß. Die während der Dampfphase erfolgte Verunreinigung wird in einer Nachbehandlung beseitigt. Dies geschieht entweder durch Destillation oder mit Hilfe verdünnter Salpetersäure.

Ähnlich dürften die Alten ihr Quecksilber gewonnen haben. Aber wozu brauchten sie es? War dieses Verfahren nur entwickelt worden, um das Produkt, wie in Mittelamerika, in einen See zu werfen? Oder hielt man sich nur an überlieferte Bräuche?
Denken wir jetzt daran, wie heute Gold aufbereitet wird, um das Edelmetall zu erhalten, dann erscheint das Verlangen der Alten nach Quecksilber nicht mehr so ungewöhnlich. Das goldhaltige Gestein wird zunächst mechanisch zerkleinert und danach unter anderem mit Quecksilber in eine Lösung übergeführt. Mit Hilfe des nun folgenden Elektrolytverfahrens wird reines Gold gewonnen. Als Sir Leonard Woolley (1880–1969) in der südmesopotamischen Stadt Ur (Irak) die Königsgräber freilegte, enthielten auch jene aus der frühdynastischen Epoche bereits hervorragend gearbeitete Beigaben aus Gold und Silber. Die hohe Qualität der Stücke ließ erkennen, daß diese Materialien schon lange von den Händen der Meister geformt wurden.
Nun muß man aber wissen: Reines Gold wird in der Regel nur in Flußsand gefunden. Meist hat es sich mit anderen Stoffen, wie zum Beispiel Silber, verbunden. Doch bevor Ägypten zur Hochkultur erwachte, waren die Experten im Lande des Nils in der Lage, das im Gold enthaltene Silber zu scheiden. Und dazu wird ebenfalls das Elektrolytverfahren angewendet.
Ohne Zweifel besaßen die Vorfahren ein hohes Wissen, obwohl auch heute noch oft zu hören ist, daß unsere Ahnen aus jenen Tagen kaum mehr auf die Beine stellen konnten als ihren Nachwuchs. Sicher, die Alt-

vorderen haben uns so manches Geheimnis hinterlassen. Und die erwähnten Techniken beweisen, daß die Alten keineswegs hinter dem Mond lebten. Sie wären sonst kaum fähig gewesen, Rätsel zu schaffen. Andererseits muß man aber fragen, ob diese Verfahren tatsächlich von ihnen entwickelt wurden. Es sieht nämlich so aus, als hätte irgendwer unseren Vorgängern hier und da unter die Arme gegriffen.
Diese Aussage soll im weiteren Verlauf dieses Buches noch erhärtet werden. Aber schon das jetzt Folgende macht deutlich, daß in der Vergangenheit vieles nicht mit rechten Dingen zuging. Bekanntlich hat man in jener Zeit nicht nur grandiose Bauwerke errichtet, sondern ebenso Hunderte von Figuren und überdimensionierte Steinblöcke durch die Gegend gezogen. Unter anderem auch die rund 20 Meter hohe und 887 Tonnen schwere Ramsesstatue, die um 1252 v. Chr. nach Assuan gebracht wurde. Wie jedoch der Transport dieser gewaltigen Figur von den Experten erklärt wird, das erfordert eine gehörige Portion an Glauben. Denn, und das ist der springende Punkt, bei allen Bauvorhaben und Transportvorgängen in frühen Epochen rund um den Globus wird nur die Muskelkraft der Menschen akzeptiert. Irgendein mechanisches Hilfsmittel wird grundsätzlich geleugnet.
Wie sind dann aber die überdimensionierten Statuen und Quader transportiert worden?
Sollen wir uns vorstellen, einige hundert Männer zogen schwitzend und keuchend, auf den nackten Schultern ein dickes Hanfseil, den Koloß hinter sich her?

Die Ägypter verwendeten, so wird gesagt, schlittenähnliche Gestelle oder Holzrollen, um die Kolossalfiguren an ihre Bestimmungsorte zu bringen. Aber 887 Tonnen sind gleich 17 740 Zentner, und die bewegt man nicht mehr auf derartigen Gestellen oder Rollen. Und schon gar nicht mit nur einigen hundert Männern. Offenbar glaubt man dennoch, diese Art, über 100 Tonnen schwere Steine von einem Ort zum anderen zu schaffen, muß die richtige gewesen sein. Thor Heyerdahl hat auf der Osterinsel solch ein Experiment durchgeführt. Er ließ eine zehn Tonnen schwere Tuffstatue auf Holzwalzen über eine kurze Strecke ziehen. Dazu wurden 180 Menschen benötigt. Da der Versuch glückte, müssen ja wohl auch die großen Steinblöcke so zu bewegen gewesen sein. Diese Annahme ist falsch! Sie geht davon aus, daß sich größere und damit schwerere Quader ebenso bewegen lassen wie die kleinen, wenn die Anzahl der ziehenden Männer erhöht wird. Das aber ist ein logischer Irrtum. Es wird dabei eine wichtige Tatsache übersehen, die bei allen Bewegungsabläufen eine große Rolle spielt und auch heute noch in der Technik, bis hin zur Raumfahrt, ein schwieriges Problem darstellt – die Reibung!

Mit dem Experiment von Heyerdahl haben wir Zahlenwerte erhalten, die aus der Praxis kommen. Damit haben wir auch eine Basis, von der wir ausgehen können. Doch zunächst muß, um die folgenden Angaben zu verstehen, noch einiges über die Reibung gesagt werden.

Reibungszahlen sind Erfahrungswerte, kommen also ebenfalls aus der Praxis. Sie müssen unter der Ziffer 1

liegen, sonst wird die Reibung größer, als damals an Zugkraft aufzubringen war. So beträgt zum Beispiel die Haftreibung von Holz (die Holzwalzen unter den Steinen) auf gewachsenem Boden (Rasen und ähnlichem) etwa 0,65 μ, auf trockenem und hartem Boden ungefähr 0,45 μ und die von Stein auf Holz um 0,6 μ. Die Reibungszahl ist das Verhältnis des Reibungswiderstandes zu der senkrecht auf die Berührungsflächen wirkenden Kraft (Gewicht des Steinblocks). Bei solch einem Transport waren also zwei Reibungswiderstände zu überwinden, und zwar die Reibung zwischen Quader und den untergelegten Holzwalzen sowie die zwischen den Holzrollen und dem Untergrund. Die Größe des gesamten Reibungswiderstandes ergibt sich bei Transporten dieser Art aus der Reibung Stein – Holz und Holz – Boden. Bei der damaligen Beschaffenheit des Transportweges (Untergrund nur geglättet) hatte die Holz-Boden-Reibung den größten Reibungswiderstand. Weiterhin muß die Ebenheit der Fläche berücksichtigt werden, die auf den Holzwalzen liegt.
Dem Bildmaterial sowie seinem Bericht zufolge ließ Heyerdahl die Statue auf der Osterinsel über eine Rasenfläche ziehen. Da der Untergrund weicher als harter Boden war und die Holzrollen dadurch in das Erdreich drückten, mußte sich die Reibung erhöhen, wodurch sich auch die Zugkraft vervielfachte. Jetzt müßten wir eigentlich alle Reibungswiderstände addieren, um die Reibungszahl zu erhalten. Dazu wäre es erforderlich, durch Versuche die einzelnen Größen zu ermitteln, denn wie schon gesagt: Reibungszahlen sind

Erfahrungswerte. Nun wollen wir aber keine Doktorarbeit abliefern, sondern uns nur klarmachen, welche Bedeutung die Reibung hat. Deshalb soll bei allen Rechnungen für den gesamten Reibungswiderstand der Wert 0,4 μ eingesetzt werden. Danach hatte jeder einzelne aus Heyerdahls Mannschaft eine Zugkraft von 22 Kilogramm aufzubringen. Dieser Wert soll nun auf die Ramsesfigur angewendet werden.

Wie schon erwähnt, hat sie ein Gewicht von 887000 Kilogramm. Damit war eine Gesamtzugkraft von 354800 Kilogramm aufzubringen. Zog nun jeder Arbeiter mit 22 Kilogramm am Seil, dann müßten nicht weniger als 15982 Männer zugepackt haben, um die Figur erst einmal in Bewegung zu bringen.

In den ägyptischen Darstellungen werden die Zugmannschaften meist in Viererreihen gezeigt. Nehmen wir das als Vorbild und setzen voraus, daß der Abstand zum Vordermann einen Meter betrug, dann war die Kolonne vier Kilometer lang.

Es dürfte wohl klar sein, daß sich alle Männer mit äußerster Anstrengung ins Zeug legen mußten, um den Koloß von der Stelle zu schaffen. Das konnte aber nur dann gelingen, wenn alle im selben Augenblick an den Seilen zogen. Also müssen wir danach fragen, wie die Kommandos gegeben wurden. Ein akustisches Signal scheidet aus, denn Schallwellen benötigen für einen Kilometer ungefähr drei Sekunden. Auch wenn der Gong – oder was auch immer – in der Mitte der vier Kilometer langen Schlange aufgestellt wurde, vergingen immer noch runde sechs Sekunden, bis der Ton den letzten Mann erreichte.

Es könnte jetzt natürlich der Einwand erfolgen, daß dieses Problem sofort beseitigt gewesen wäre, wenn man breitere Reihen aufgestellt und jeder Mann eine höhere Zugleistung aufgebracht hätte. Dieser Einwand erscheint auf den ersten Blick plausibel, ist aber dennoch unzutreffend. Zunächst: Es konnten nicht breitere Reihen aufgestellt werden, weil dann die Zugrichtung der Außenstehenden mit der Bewegungsrichtung nicht mehr übereinstimmt; das heißt, die Außenstehenden zögen mehr nach rechts und links als nach vorn. Und was die Zugleistung angeht, so sei noch einmal betont, daß die Werte aus dem Versuch von Heyerdahl genommen wurden. Die Menschen dort mußten sicherlich ebenso kräftig ziehen wie die Ägypter.

Wenn wir die Reibung halbieren, was aber mit Sicherheit nicht realistisch ist, und jedem Arbeiter die doppelte Zugkraft übertragen, dann müßten immer noch 3995 Leute zupacken, die eine Schlange von rund einem Kilometer bilden, wenn die Männer in Viererreihen stehen.

Betrachten wir nun das Zugmaterial. Dessen Belastbarkeit ist nämlich nicht unbegrenzt. Es kann nur Hanf gewesen sein. Und hier ist folgendes zu beachten: Er durfte nicht zu frisch sein, weil er in diesem Zustand überaus schwer ist. Aber er durfte auch nicht zu alt sein. Dadurch wird das Material spröde und hält keine großen Belastungen aus.

Um die auftretende Spannung aushalten zu können, mußte das Seil einen Durchmesser von 100 Millimetern haben. Ein Hanfseil mit diesem Durchmesser und vier Kilometer Länge wiegt aber 929 Zentner. Das

heißt, jeder Arbeiter hatte noch 23 Pfund zu tragen. Nun hat aber die Leistungsfähigkeit des Menschen Grenzen, die auch in Zahlen ausgedrückt werden können. Zieht zum Beispiel ein Mann 30 Kilogramm in einer Sekunde einen Meter weit, ist seine Energie nach 48 Sekunden verbraucht. Er muß eine längere Pause einlegen. Die Männer in der Zugkolonne hatten jedoch 22 Kilogramm hinter sich herzuziehen und gleichzeitig 23 Pfund zu tragen. Insgesamt mußten sie also 67 Pfund bewältigen. Es war ihnen deshalb gar nicht möglich, die Ramsesstatue auf diese Weise auch nur einen Zentimeter zu bewegen.
Tatsache aber ist: Die Figur wurde dorthin gebracht, wo sie hin sollte. Doch in keinem Falle geschah dies allein mit der Muskelkraft von Menschen.
Obwohl wir nun wissen, daß die Ägypter einen anderen Weg gegangen sein müssen, um das Problem zu meistern, sind die Rätsel um den Transport der großen Statuen und Quader keineswegs erschöpft.
Solche Kolosse bewegte man auf Holzwalzen, wird gesagt. Es ist bekannt, daß Ägypten Unmengen von Zedernholz aus dem Libanon importierte. Also könne es nur diese Holzart sein, die für Walzen in Frage kam.
Nun sind Menschen, seitdem sie denken können, auch Irrtümern unterworfen. Ein Ägyptologe ist davon nicht ausgenommen. Doch meist waren es berufsfremde Männer, die der Libanon-Zeder den Vorzug gaben. Hätten sie aber schon vor einigen Jahrzehnten die Eigenschaften dieses Baumes unter die Lupe genommen, wäre die unselige Auffassung von den Holzrollen aus dem Libanon gar nicht erst aufgekommen.

Die Libanon-Zeder (Cedrus libani) kann zwar 40 Meter hoch und 3000 Jahre alt werden, und sie ist auch lange haltbar und daher als Bauholz hervorragend geeignet, aber – sie ist sehr weich. Wenn zum Beispiel zwölf Rollen von der Libanon-Zeder als Unterlage dienten, dann hätte jede Walze einen Durchmesser von über einem Meter haben müssen. Holzrollen aber mit einem Umfang von mehr als drei Metern sind wohl kaum geeignet für diese Art von Transport, abgesehen davon, daß man die Figur erst auf diese Höhe anheben mußte.
Die Libanon-Zeder muß also als Holzwalze für den Transport großer Statuen und Steinblöcke ausscheiden, denn niemand wird ernsthaft behaupten, daß solche monströsen Rollen verwendet wurden. Da es also ungewiß ist, welche Holzart als Transportmittel diente, nehmen wir eine andere uns bekannte Baumart als Beispiel. Gewählt sei die Buche. Sie hat einen festen Stamm und hält eine Belastung von durchschnittlich 30 Kilogramm pro Quadratzentimeter aus. Wird diese Grenze überschritten, geht das Holz nicht gleich zu Bruch, aber es beginnt sich zu verformen (fängt zu splittern an). Damit wird die Rolle sofort unbrauchbar, weil die geringste Verformung die Reibung erhöht. Und die ist ja bei diesem Transport maßgebend.
Nehmen wir auch hier wieder zwölf Rollen an, dann hätte der Durchmesser jeder Walze immer noch 560 Millimeter betragen müssen.
Nun ist allerdings unbekannt, wie lang die Rollen waren, die ja immer wieder vorn untergelegt werden mußten, wenn unterstellt wird, daß die Figur wirklich

von der Stelle kam. Gehen wir von den Maßen der Ramsesstatue aus, dann werden die Walzen vermutlich fünf Meter lang gewesen sein, das heißt, von den Männern, die für die Rollen zuständig waren, mußten auf alle Fälle rund 20 Zentner (Gewicht einer Rolle) bewältigt werden. Ob die Ägypter tatsächlich Holzrollen nahmen?

Aber es hing ja nicht allein von der Größe des untergelegten Materials ab, auch der Transportweg spielte eine erhebliche Rolle. Und das war keine asphaltierte Straße, sondern bestenfalls ein geglätteter Kiesweg. Schon nach wenigen Metern hätte sich das Holz derart aufgefasert, daß es als Walze unbrauchbar wurde. Dieses Problem ist auch erkannt worden. Also wurden die Holzwalzen in Kupferrohre gesteckt. Diese Meinung ist schnell gefaßt, weil sie sich förmlich anbietet. Nur – damit ergeben sich neue Schwierigkeiten.

Die Rollen waren nämlich einzupassen, das heißt, die Walzen mußten fest im Rohr sitzen, sonst hätten sie keinen Sinn gehabt. Demnach konnten nur fehlerfrei gewachsene Stämme verwendet werden. Sie durften also weder krumm sein noch andere Unebenheiten aufweisen. Und das kommt nicht allzuoft vor.

Betrachten wir nun eine Zeder, dann bemerken wir sogleich, daß der Baum in alle möglichen Richtungen wächst, nur eben nicht so gerade, wie es für eine Holzwalze notwendig wäre. Sicherlich hatte man die ersten Rollen aus Zedernholz hergestellt, aber bald feststellen müssen, daß dies illusorisch war. Der eingepaßte Stamm hatte ja die Aufgabe, einer Verformung des Kupferrohres entgegenzuwirken, und dazu ist, wie

schon erwähnt, die Cedrus libani zu weich. Diese Baumart kann es also wirklich nicht gewesen sein, die als Holzrolle diente. Welche Holzart tatsächlich verwendet wurde, bleibt damit ungewiß.
Sollten aber die Ägypter in der Lage gewesen sein, entsprechende Kupferrohre herzustellen, dann allerdings wurden die Holzwalzen im Durchmesser beträchtlich kleiner. Wir wissen nicht, was für eine Qualität die Rohre besaßen, also mit welchem Gewicht sie belastet werden konnten. In jedem Falle aber hatten sie die Ramsesfigur zu tragen. Die Dicke (Wandstärke) der Rohre mußte demnach bereits die Last aushalten können. Aber – brauchte man dann überhaupt Holzrollen? Das Gewicht wurde ja schon von den Kupferrohren getragen. Wenn diese sich verformten, erhöhte sich bereits die Reibung, obwohl das Holz möglicherweise unbeschädigt blieb. Also – wenn man tatsächlich Kupferrohre verwendete, wurden Holzwalzen entbehrlich.
Kupfer hat jedoch sein Gewicht. Da die Rohre 887000 Kilogramm aushalten mußten und, wie die Holzrollen, ebenfalls fünf Meter lang waren, hatte jedes Kupferrohr mit Sicherheit ein Gewicht, das sich um eine Tonne bewegte. Und auch die Rohre mußten ja fortwährend vor die Figur getragen werden, um erneut als Unterlage zu dienen.
Für den Transport der Ramsesstatue und aller anderen überdimensionierten Steinblöcke waren demnach mehr Menschen erforderlich, als unmittelbar an einer der großen Pyramiden arbeiteten. Und das waren nach neuerer Auffassung 8000 bis 12000 Männer. Hinzu

kommt noch, daß die Mannschaften zu verpflegen waren. Auch wenn dazu Frauen eingesetzt wurden, ändert das nichts an der Tatsache, daß ihre Tätigkeit dem Transport diente. Damit wird aber die Anzahl der Menschen immer größer.
Wie die Ägypter diese Aufgabe bewältigten, konnte bis heute nicht ermittelt werden. Sicher scheint nur eines: Sie benutzten eine Technik, von der wir nichts wissen. Oder – irgendwer half ihnen.
Solange man festen Boden unter den Füßen hatte, muß es eine Möglichkeit gegeben haben, die Steinblöcke in irgendeiner Weise zu bewegen, denn sie erreichten ja ihre Bestimmungsorte. Wie aber halfen sich die Olmeken?
In den Küstensümpfen des westlichen Tabasco (Mexiko) liegt eine Insel mit dem Namen La Venta. Dort fand der anerkannte Amateurarchäologe Miguel Covarrubias bis zu drei Meter hohe, rumpflose Riesenhäupter eines bis dahin wenig bekannten Volkes. Heute weiß man nur so viel, daß dort eine Kultur lebendig war, deren Wirken bis in das 2. Jahrtausend vor der Zeitrechnung datiert werden kann. Der Höhepunkt ist etwa um 1000 v. Chr. erreicht worden. Covarrubias schreibt, daß die Art und Weise unerklärlich bleibt, wie jene Leute die tonnenschweren Steine gebrochen, bearbeitet und rund 150 Kilometer über Flüsse und Sümpfe befördert haben.
Diese gewaltige Leistung damit zu erklären, allein die menschliche Muskelkraft habe dieses Wunder vollbracht, kann nach dem Beispiel mit der Ramsesstatue nicht mehr überzeugen. Wenn wir in Ägypten Rollen

und schlittenähnliche Gestelle akzeptieren, um die wuchtigen Statuen und Quader zu bewegen, so ist diese Technik in einem Sumpfgebiet in keinem Falle anwendbar. Und doch brachten die Olmeken die Blöcke dahin, wo sie hin sollten. Hier wird noch deutlicher, daß andere Hilfsmittel als nur die Kraft von Menschen vorhanden gewesen sein müssen, um solche Arbeiten auszuführen.

Lassen wir das Besprochene noch einmal Revue passieren, dann kommen erhebliche Zweifel über die Darstellung solcher Transporte auf. So, wie in den Reliefs gezeigt, brachte man die überdimensionierten Figuren und Quader keinesfalls auch nur einen Zentimeter von der Stelle. Wenn dennoch die Transporte so dargestellt worden sind, dann lag der Grund sicherlich darin, die angewendete Technik vor dem Volk zu verbergen. So wurden zum Beispiel dic Tempelbesucher in ehrfurchtsvolles Erstaunen versetzt, wenn sich die mächtigen Tore des Heiligtums öffneten, ohne daß jemand Hand angelegt hätte. Tatsächlich war das aber gar nicht so geheimnisvoll, wie es aussah. Denken wir an eine Schranktür, die immer wieder von allein aufgeht. Die Ursache hierfür ist ein nicht exakt aufgestellter Schrank. Wollen wir denselben Effekt erzielen wie die Priester mit ihren Tempeltüren, dann befestigen wir an der Schranktür einen Faden und führen ihn über eine Rolle. Am Ende der Schnur hängt ein Behälter, in dem sich gerade so viel Wasser befindet, daß sein Gewicht die Tür geschlossen hält. Entzünden wir unter dem Gefäß ein Feuer, verdampft das Wasser. Der Behälter wird leichter, und die Tür geht auf. Verlöscht das Feuer,

kondensiert der Dampf. Das Gefäß wird wieder schwerer, und die Tür schließt sich. Der Behälter muß nur groß genug sein, um den Dampf aufzunehmen.
Daß die Priester kein Interesse daran hatten, dieses Prinzip der breiten Masse zu offenbaren, ist verständlich; sonst hätte jedermann gewußt, daß die Türen, für das Auge nicht wahrnehmbar, von der Senkrechten abweichend eingebaut waren und sich durch ihr eigenes Gewicht öffneten, sobald das Wasser zu verdampfen begann. Im Falle der Transporte wurden dem Volk in den Reliefs Kolonnen gezeigt, die gewaltige Blöcke zogen. Diese Version ist offensichtlich überzeugend, denn sie wird heute noch von vielen akzeptiert. Aber untersucht man diese Darstellungen eingehender, ergeben sich Zweifel. Denn obwohl alle Aspekte behandelt wurden, die für eine derartige Beförderung maßgebend sind, konnte nicht ein Punkt die herrschende Auffassung bestätigen. Fazit: Die Ägypter und andere Völker jener Zeit wendeten eine Technik an, von der wir keine Ahnung haben.
Obwohl wir in allen Bereichen unglaubliche Kenntnisse erwarben, gelang es bisher nicht, etwas so Einfaches wie den Transport eines großen Steines zu rekonstruieren. Wir können nur beschämt feststellen: Die Alten haben es geschafft.
Ist der Gedanke daher nicht naheliegend, daß hier Menschen am Werk waren, die bereits eine höhere Daseinsform erreicht hatten? Denn Wissen fällt nicht einfach vom Himmel. Wir alle haben die Erfahrung gemacht, daß es hart erarbeitet werden muß. Das gilt ebenso für die Menschen, die, gerade von den Bergen

kommend, sofort Stein- und Lehmhäuser bauten, wie auch für die nachfolgenden Generationen, die moderne Techniken beherrschten.
Bisher ist nur ein Bruchteil der Hinterlassenschaften unserer Ahnen von den Fachleuten ans Tageslicht geholt worden. Aber es genügt, um sagen zu können: Die Vergangenheit war anders – ganz anders.

Kapitel 2

Die verblüffenden Kenntnisse der frühen Architekten

Moderne Städte in frühen Tagen /
Das Rätsel der Quadertechnik /
Ein Standardmaß im Altertum /
Das Dreieck 3–4–5 /
Bauwerke unter Wasser /
Das letzte der Sieben Weltwunder – die Cheops-Pyramide

Folgen wir den Historikern, dann begannen die Menschen in einigen Regionen der Welt vor etwa 10000 Jahren zum erstenmal in ihrem Dasein seßhaft zu werden und Häuser zu bauen. Und wie wir hörten, wurden auch Steine als Baumaterial genommen, obwohl zu jener Zeit eigentlich niemand wissen konnte, wie man einen Stein über den anderen legen muß, um eine standfeste Mauer zu erhalten.

Doch dieses Bild stimmt schon lange nicht mehr, denn bereits 1955 berichtete Gert von Natzmer über alte Siedlungen aus Holzhäusern, die in den flachen Lößgebieten Osteuropas entdeckt wurden.

Holz bildet im Erdreich einen Mulm, der nahezu unbegrenzt erhalten bleibt, sofern keine Umschichtung des Bodens erfolgt. Aus der Lage solcher Pfostenlöcher kann auf Gestalt und Größe der Häuser geschlossen werden, die irgendwo einmal standen.

Die von Natzmer erwähnten Häuser besaßen mehrere

Räume, die jeweils eine Feuerstelle hatten. Jedes Haus war groß genug, um eine ganze Sippe aufzunehmen. Solche Gruppen umfaßten etwa 30 Personen, das heißt, in den Siedlungen lebten weit über 100 Menschen. Was nun an der Entdeckung so überrascht, ist, daß die Dörfer schon vor 20000 Jahren existierten. Nicht alle Menschen in jenen Epochen verbrachten also ihr Leben als Nomaden.

Nun sind es aber nicht die umherschweifenden Gruppen, die den Fortschritt vorantreiben, sondern die seßhaften Gemeinschaften. Sie sind die Basis für eine werdende Zivilisation. Die nächste Stufe sind Städte. Und die gab es schon in der Vorzeit. Im Mittelalter hatte man nicht einmal eine Ahnung davon, daß in Karthago im 1. Jahrtausend vor der Zeitrechnung Häuser standen, die vier und sechs Stockwerke hoch waren. Und man wußte ebensowenig, daß Uruk bereits Anfang des 3. Jahrtausends v. Chr. mehr als 30000 Einwohner hatte.

Dann entdeckten Feldarchäologen 1922 die indischen Harappa- und Mohenjo-Daro-Kulturen, auch Indus-Kulturen genannt. Ihre Städte sind vor rund 4500 Jahren derart exakt angelegt worden, daß sich die Meinung bildete, diese Ortschaften seien auf dem Reißbrett entstanden, bevor sie gebaut wurden. Unter den Straßenzügen verliefen Abwasserkanäle, und es gab öffentliche Badeanstalten sowie Dampfbäder. Die Wohnungen in den auch hier mehrstöckigen Häusern waren sogar mit Müllschluckern ausgestattet.

In der neuen Hauptstadt Echet-Aton des Sonnenkönigs und Gemahls von Nofretete, Amenophis IV.

(1370–1348 v. Chr.), der sich später Echnaton nannte, besaßen sogar die Häuser der Arbeiter eine Waschanlage und eine Toilette. Im europäischen Mittelalter mußten die Städter noch mit der Gosse auskommen. Und der berühmte Nachttopf wurde kurzerhand aus dem Fenster entleert. Solche hygienischen Einrichtungen wie in Echet-Aton sind jedoch, soviel wir heute wissen, eine Ausnahme in jener Zeit gewesen. Es sollte auch nur aufgezeigt werden, wie man bauen konnte, wenn es vom Bauherrn so gewünscht wurde. Die Kenntnisse waren also vorhanden; und darauf kommt es an.

Wir besitzen heute zwar die erforderlichen technischen Möglichkeiten, bauen aber deshalb nicht anders als vor 5000 Jahren. So kannte man im Altertum ebenfalls gepflasterte Straßen. In Pompeji waren die Bürgersteige sogar mit einer Asphaltdecke versehen. Um das Regenwasser ablaufen zu lassen, erhielten auch damals schon die Straßen eine leichte Wölbung.

Aber Pompeji ist uns, geschichtlich gesehen, schon recht nahe. Dagegen liegt das bereits erwähnte Catal Hüyük in grauer Vergangenheit. Dort wurden die Häuser der Ortschaft mit luftgetrockneten Lehmziegeln erbaut. Das ist schon erstaunlich genug, denn in jener Zeit sollen ja die Menschen gerade seßhaft geworden sein. Doch nicht wenig verblüfft bemerkten die Ausgräber, daß die Ziegel sogar Normmaße besaßen. Sie waren 32 Zentimeter lang, 16 Zentimeter breit und 8 Zentimeter hoch. Die Abmessungen stehen also im Verhältnis 1:2.

Diese Lehmziegel wurden offensichtlich von Fachleu-

ten verbaut, denn die Fugen sind deutlich erkennbar versetzt. Nicht anders werden heute Mauern hochgezogen. War das Haus fertig, wurden die Wände innen und außen mit weißem Ton verputzt.
Zweifellos wußten die Handwerker von Catal Hüyük genau, was sie wollten. Doch wer hatte sie das gelehrt? Solche Lehrer sind bislang nicht entdeckt worden. Es erscheint daher keineswegs unvernünftig, anzunehmen, daß dieses Wissen aus einer älteren Zeit kommt. Vergleichen wir unseren so oft gepriesenen Fortschritt mit dem, was die Alten leisteten, dann stellen wir fest, daß viele unserer Errungenschaften nichts weiter sind als Wiederholungen. Es gibt auf dem Bausektor kaum etwas, das nicht auch vor einigen tausend Jahren bekannt war. Dazu eine kleine Begebenheit am Rande.
Im Jahre 1842 begab sich eine britische Kommission nach Rom, um das zu diesem Zeitpunkt bereits 2000 Jahre alte Kanalisationssystem zu studieren. Mit den dort gewonnenen Erkenntnissen sollte dann in London das Kanalnetz modernisiert werden.
Es ist also ein Irrtum, zu glauben, vor einigen tausend Jahren seien der Mensch und seine Art zu leben primitiv gewesen. Kein Wunder, wenn die Altvorderen auch in diesem Bereich Ungereimtheiten hinterließen. Das trifft unter anderem auch auf die Bauwerke der Insel Malta zu.
Bereits vor 5500 Jahren, also früher als in Ägypten, wurden dort gewaltige Tempelanlagen errichtet. Die dabei verwendeten Quader haben ein Gewicht bis zu 300 Tonnen (6000 Zentner). Und die wurden nicht nur waagerecht, sondern auch senkrecht bewegt. Wie

haben die Malteser das ohne technische Hilfsmittel geschafft?
In den großen Kulturen sind die geplanten Bauvorhaben nur deshalb zu verwirklichen gewesen, weil es genügend Sklaven und Gefangene gab. Also ließen die Fachleute, weil es naheliegend ist, Arbeiterheere aufmarschieren. Diese Annahme kann aber nicht in jedem Falle zutreffen, denn es können auf einer Baustelle nur so viele Menschen arbeiten, wie Platz vorhanden ist.
Wie war es nun auf Malta? Lebten dort genug Menschen, um die nicht wenigen Anlagen erbauen zu können? Mit Sicherheit nicht. Doch die Archäologen fanden eine Erklärung. Hier waren keine Arbeiterheere am Werk, sondern Pilger, die beim Bau der Tempel halfen. Allerdings müssen wir dann fragen: Seit wann besuchten Pilger die Insel?
Das muß schon vor der Entstehung der heiligen Bezirke gewesen sein, denn erst mit Hilfe der Besucher seien diese ja errichtet worden. Nun braucht es aber seine Zeit, um nur eine Anlage zu vollenden. Es findet sich aber eine ganze Anzahl auf Malta. Und da, nach Meinung der Fachleute, solche Bauvorhaben sich über Jahrhunderte hinzogen, muß es dort wohl ebensolange gedauert haben. Damit rutschen wir aber ins 7. Jahrtausend.
Was gab es in jener Zeit auf der Insel, das so hochgeschätzt wurde, um verehrt zu werden? Der ideelle Stellenwert muß entsprechend gewesen sein, der Pilger veranlaßte, eine mühsame Reise übers Wasser auf sich zu nehmen und körperlich schwere Arbeiten zu verrichten.

Und damit ergibt sich zwangsläufig die Frage: Warum sind überhaupt überdimensionierte Steinblöcke verwendet worden? Auch wenn den Erbauern solcher Anlagen Hilfsgeräte zur Verfügung standen, war die Quälerei vorprogrammiert. Wollte man den Bauwerken einen Ewigkeitswert verleihen, oder hatten die Anlagen, die wir heute als Tempel bezeichnen, eine ganz andere Funktion? Für die Masse waren es sicher Stätten der Verehrung für irgendeine Gottheit, aber für die Eingeweihten?
In allen Kulturen gab es Dinge, die ein profanes Auge nicht sehen durfte. Aus nordischen Quellen erfahren wir zum Beispiel, daß dieses Geheimnis, was immer es auch war, sogar mit krassen Mitteln gewahrt worden ist. Zu bestimmten Zeiten wurde ein mit Teppichen verhängter Wagen der Bevölkerung gezeigt, indem man ihn von Dorf zu Dorf zog. Nach der Rückkehr ins Heiligtum ertränkten die Priester alle Personen, die während des Umzugs am Wagen niedere Arbeiten verrichtet hatten. Das war eine Vorsichtsmaßnahme, denn sollte irgendeiner der armen Kerle etwas gesehen haben, durfte er es natürlich nicht ausplaudern.
Gab es auf Malta auch ein Geheimnis zu hüten? Das würde allerdings nicht die megalithische Bauweise erklären. Um eine Gottheit zu verehren, müssen nicht unbedingt tonnenschwere Steinblöcke aus Gegenden herangeschleppt werden, die manchmal viele Kilometer vom Bauort entfernt waren. Aber das ist wohl eine subjektive Auffassung; die Alten können darüber eine andere Meinung gehabt haben. Auffällig ist jedoch, daß es in der Regel die Anlagen von Göttern sind, die

mit überdimensionierten Quadern errichtet wurden. So auch in Tiahuanaco, einer noch heute geheimnisvollen, im megalithischen Stil erbauten Stadt. Der Ort liegt etwa 4000 Meter über Meeresniveau im Staate Bolivien.

Arthur Posnansky (1874–1946), königlich-bayerischer Professor der Archäologie und Anthropologie, ging später nach La Paz an die dortige Universität. Von dort aus erforschte er einige Jahrzehnte lang die Stätte von Tiahuanaco. Er war wohl auch der erste, der mit gezielten Ausgrabungen begann. Wie beeindruckt er von dieser Stadt war, ersieht man aus seiner Datierung. Er gab Tiahuanaco ein Alter von 16000 Jahren, was die Fachwelt ablehnen mußte, weil bislang keine Artefakte gefunden wurden, die auch nur annähernd an diese Epoche herankommen.

Wer diese Bauwerke errichtete und zu welchem Volk die Menschen gehörten, ist bis heute unbekannt. Die megalithische Bauweise bereitet den Wissenschaftlern noch immer beträchtliche Kopfschmerzen.

Das Gewicht der verwendeten Steinblöcke beträgt 50 bis 100 Tonnen (1000 bis 2000 Zentner). Hinzu kommt, daß die Quader erst über den Titicacasee zu bringen waren, um dort aufgestellt zu werden, wo sie heute noch stehen oder liegen.

Weder auf Malta noch hier werden den damaligen Steinmetzen Werkzeuge aus Metall zugestanden, das heißt, die Granitsteine in Tiahuanaco wurden mit Steinen bearbeitet. Auch sonstige mechanische Hilfsmittel sind nicht erlaubt. Die Frage, wie die Blöcke dann bewegt wurden, können wir uns sparen. Das Beispiel mit

der Ramsesstatue hat uns die Antwort gegeben. Aber wie ist ein 2000 Zentner schwerer Quader über den See befördert worden? (Es soll hier kurz angemerkt werden, daß der Titicacasee mit 6900 Quadratkilometern Fläche der größte See in Südamerika ist.) Wenn wir uns vorstellen, daß ein 2000 Zentner schwerer Steinblock einige Kilometer weit über das Wasser transportiert wurde, dann müssen die Leute auch ein entsprechendes Wasserfahrzeug gehabt haben. Sicher ist der Transport auf dem Wasser leichter als der auf dem Land. Es muß aber vorausgesetzt werden, daß es sich um kein Schilfrohrfloß gehandelt haben kann, wie es heute von den Urus, die dort zu Hause sind, benutzt wird.
Wie dann die Handwerker einen Quader bearbeiteten und formten, ist wirklich verblüffend, obwohl sie ja nur Steinbeile (?) besaßen. Die gewaltigen Steinblöcke sind so fein zusammengefügt worden, daß nicht einmal eine Messerklinge zwischen die Fugen paßt. Allgemein wird die Quadertechnik von Tiahuanaco als unerreicht angesehen.
Wie gut die Erbauer dieser Stadt ihr Handwerk verstanden, ist daraus zu ersehen, daß noch in unserem Jahrhundert Dynamit eingesetzt wurde, weil man die gewaltigen Mauern und Statuen nicht anders zerkleinern konnte. Respektlos und ohne jede Achtung vor den Zeugnissen einer alten Kultur machte man Tiahuanaco zum Steinbruch. Allein schon aus diesem Grund muß die Steinbeiltheorie angezweifelt werden. Was diese Stadt so geheimnisvoll macht, ist nicht allein die handwerkliche Kunst, solche Steinbrocken millimetergenau zu bearbeiten, sondern sind ebenso die

Bauwerke. Sie sind alle nach den Gestirnen ausgerichtet. Es scheint sicher, daß in diesem Ort der Sonnenkult vorherrschte. Das ist aber auch schon alles, was über die Menschen dort in Erfahrung gebracht werden konnte.

Auch hier bleiben mehr Fragen offen, als beantwortet werden können. Und das kann nicht normal sein. Seitdem aber der Mensch begann, Dinge zu schaffen, die bis in unsere Zeit kamen, hinterließ er auch Rätsel. Und das beginnt schon bei den Steinsetzungen.

Etwa 4000 Jahre vor der Zeitrechnung begann man gewaltige Steine aufzustellen. Jetzt stehen sie da, aber niemand weiß, zu welcher Kultur ihre Schöpfer gehörten und woher sie kamen. Sie müssen jedoch über ein für die damalige Epoche beträchtliches Wissen verfügt haben. Das ist durch neueste Forschungen an Steinkreisen ermittelt worden.

Es gibt, wie man inzwischen weiß, rund um den Globus zahlreiche sogenannte Cromlechs. Der bekannteste in Europa ist der von Stonehenge in Südengland, nicht weit von London. Mathematiker und Astronomen haben sich darangemacht, einen großen Teil der Steinsetzungen in England (dort gibt es mehr als 300) erneut zu untersuchen. Zwar wurde schon seit langem vermutet, daß die Steinkreise astronomische Funktionen erfüllen, aber was die eben erwähnten Disziplinen entdeckten, geht über das übliche Maß hinaus. Es besteht kein Zweifel mehr: Die Kreise wurden nach einem Standardmaß errichtet, das nur auf der Grundlage geometrischer Berechnungen gefunden werden konnte.

Das war auch für die Archäologen eine riesengroße Überraschung. Noch nicht einmal oder gerade der Schrift kundig, sollen die Menschen damals geometrische Berechnungen durchgeführt haben? Die Arbeiten der Wissenschaftler lassen aber keinen Zweifel offen, die Alten konnten es.
Dieses ›Megalith Yard‹ hat in England die Länge von 82,9 Zentimetern. Gerd von Haßler gibt in seinem Buch ›Rätselhaftes Wissen‹ weitere Maße an. So betrug das Maß in Spanien 83,6, in Mexiko und Peru 83,8 und in Texas und Kalifornien 84,7 Zentimeter.
Fraglos gab es damals eine Art Eichamt, von dem das Grundmaß ausging, denn es durfte eigentlich kein einheitliches Standardmaß geben, wenn nicht irgendwo eine Zentrale existierte. Wer trug dieses Grundmaß um die Welt? Wer brachte es über den Atlantik?
In diesem Zusammenhang sollten wir uns daran erinnern, daß erst 1795, also rund 3800 Jahre nach Stonehenge, die französische Nationalversammlung die Länge des Meters als vierzigmillionsten Teil eines Erdmeridians festlegte. In Deutschland wurde er 1827 eingeführt, und drei Jahre später übernahmen 30 weitere Staaten den Meter, um ein einheitliches Standardmaß zu haben. Hier waren uns die Alten um mindestens 4000 Jahre voraus.
Es gibt jedoch nicht nur runde Steinsetzungen, sondern auch ovale und quadratische. Der Cromlech von Crucuno im Morbihan (südliche Bretagne, Frankreich) ist rechteckig. Die Seiten sind genau von Nord nach Süd ausgerichtet, so daß die Diagonalen die Sommer- und Wintersonnenwende anzeigen; eine durch

den Mittelpunkt der Diagonalen, parallel zur langen Seite des Rechtecks, geführte Linie gibt die Tagundnachtgleichen an. Dieses Monument bietet aber noch eine weitere Überraschung. Die Diagonalen sind 80, die Seiten jeweils 64 und 48 Ellen lang. Das ist die gleiche Proportion, die wir auch im rechtwinkligen Dreieck mit den Seiten 3–4–5 finden. Das ist sicher kein Zufall. Schon vor 6000 Jahren war also unseren Vorfahren das sogenannte ›heilige Dreieck‹ bekannt, als dessen Entdecker Pythagoras (580–496 v. Chr.) gilt und das daher auch als pythagoreisches Dreieck bezeichnet wird. Und so kann es eigentlich nicht verwundern, wenn die Alten ihr Standardmaß aus der Geometrie ermittelten.

Tatsache ist: Damals sind alle größeren Bauvorhaben projektiert worden. So wurde zum Beispiel vom Felsengrab Ramses' IV. (etwa 1100 v. Chr.) ein Bauplan gefunden, der einen Maßstab von 1:28 hatte. Solche Pläne wurden häufig aus Dreiecken mit den Seiten 3–4–5 angefertigt. Doch muß dieses Wissen wesentlich älter sein, denn schon im Grab der Königin Choubat in Ur (Mesopotamien) sind eindeutige Hinweise gefunden worden, die eine Anwendung des Standarddreiecks voraussetzen. Die Königin wurde Anfang des 3. Jahrtausends v. Chr. beigesetzt.

Daß die Alten diese Kenntnisse besaßen, steht außer Frage. Wie aber kamen sie dazu? Entdeckungen der jüngsten Zeit scheinen diese Frage beantworten zu können.

Seit 20 Jahren sind die Bahama-Inseln das Ziel von Wissenschaftlern. Auch so renommierte Institute wie die National Geographic Society und die Universität Miami rüsteten Expeditionen aus. Dort wurden und werden seit 1968 immer wieder megalithische Anlagen entdeckt, die sich oft nur wenige Meter unter der Wasseroberfläche befinden. Professor David Zink von der Lamar-Universität forschte dort ebenfalls vier Jahre lang.

Die Entdeckungen rund um die Bahamas haben in der einschlägigen Fachwelt einige Verwirrung ausgelöst, denn die Bauwerke unter dem Wasserspiegel zwingen die Experten, den Beginn der sogenannten Morgenröte der Menschheit in eine tiefere Vergangenheit zu verlegen.

Es gibt keine Zweifel mehr, die entdeckten Anlagen sind Menschenwerk. Viele der verwendeten Quader sind etwa 15 Tonnen schwer.

Der Geologe John Parks, der sich im zweiten Jahr (1975) dem Zink-Team anschloß, entnahm von einzelnen Blöcken Proben, die später in der Old-Dominion-Universität (Virginia) mikroskopisch untersucht wurden. Als Ergebnis kam heraus, daß die Steine eine unterschiedliche chemische Zusammensetzung haben. Folglich können die Blöcke keine einheitliche Felsformation sein. Professor Zink wollte es jedoch genau wissen. Er ließ von zwei Quadern, die jetzt auf dem Meeresboden nebeneinanderliegen, Bohrproben entnehmen. Untersuchungen ergaben, daß beide Steine einen unterschiedlichen strukturellen Aufbau besitzen. Das bedeutet: Die Steine können dort, wo sie gefunden wurden, nicht als Felsmassiv gewachsen sein. Sie entstanden demnach an verschiedenen Orten auf der Insel und sind zu irgendeinem Zeitpunkt am Paradise Point, der Forschungsstätte von Zink, zusammengefügt worden. Das ist der eindeutige Beweis, daß die als Bimini-Straße bekannt gewordene Küstenregion tatsächlich eine gewaltige künstliche Anlage ist.

Obwohl bis dahin schon einige Entdeckungen gelangen, ist nun mit Sicherheit jede Zufälligkeit ausgeschaltet. Und das kann sich nur positiv auf die künftigen Arbeiten der Forscher auswirken. So dürfte eine Anfang 1977 entdeckte Erhebung wohl eine Pyramide sein. Die Spitze befindet sich ungefähr 90 Meter unter der Wasseroberfläche. Die Höhe des Bauwerks kann nur geschätzt werden, weil die Basis von meterhohem Schlamm bedeckt ist. Es könnte aber rund 150 Meter hoch sein. Mehrmals wurde die Stelle mit einem Schiff überfahren, und jedesmal zeichnete der Sonar-Schreiber das gleiche Bild. Charles Berlitz berichtete darüber.

Da die Seiten gleichmäßig abfallen, dürfte es sich hierbei in der Tat um eine künstliche Anlage handeln. Hinzu kommt, daß in unmittelbarer Nachbarschaft weitere Bauten entdeckt und fotografiert wurden.

Diese Tatsachen deuten unübersehbar darauf hin, daß auf den Bahamas sehr früh eine hochentwickelte Kultur blühte. Denn wer tonnenschwere Steine heranschleppt, bearbeitet und auftürmt, muß die entsprechende Entwicklungshöhe erreicht haben.

Jetzt drängt sich die Frage auf: Wie alt ist diese Kultur? Das Alter der Quader ist leider nicht zu ermitteln. Zwar ließe sich mit Hilfe der Meerespflanzen, die sich inzwischen auf den Steinen ansiedelten, in etwa die

Epoche bestimmen, in der die Bauwerke vom Wasser überflutet wurden, doch haben wir dafür eine andere, etwas genauere Möglichkeit.

Wir dürfen davon ausgehen, daß die Anlagen nicht unter dem Wasserspiegel errichtet wurden. Also müssen nach ihrem Bau die Ozeane angestiegen sein, was mit dem Ende der letzten Eiszeit auch der Fall war. Fragen wir also die Geologen.

Von ihnen erfahren wir, daß die Meeresspiegel um 5000 v. Chr. ihr heutiges Niveau erreichten. Damit kommen wir in eine Zeit, die 7000 Jahre vor der Gegenwart liegt. Spätestens in dieser Epoche also ging die Zivilisation auf den Bahamas zugrunde.

Das heißt: Als Ägypten sich um 3000 v. Chr. zur Hochkultur entwickelte, waren die Bauwerke auf den Inseln bereits 2000 Jahre lang von den Wassermassen bedeckt. Kein Wunder, daß sich von dieser Kultur nur wenig erhalten hat. Damit haben wir aber einen Ort lokalisiert, wo nachweisbar hochentwickelte Menschen zu Hause waren. Und von dort können die Impulse ausgegangen sein, die zu den Glanzpunkten im Altertum wurden.

Doch warum verschwand diese Kultur nahezu spurlos? Mit an Sicherheit grenzender Wahrscheinlichkeit ging die Kultur durch eine gewaltige Katastrophe zugrunde, ausgelöst von einem riesigen, auf der Erde einschlagenden Meteor. (In einem späteren Kapitel wird darauf näher eingegangen.) Die Wucht des Aufschlags war so mächtig, daß die Rotationsachse unseres Planeten aus ihrer Stellung kippte und die im Einschlaggebiet liegenden Küsten absanken. Von diesem Ereignis

erholt sich die Region langsam, das heißt, der Meeresboden hebt sich allmählich.
Solch ein Vorgang ist im geologischen Alltag der Erde durchaus normal. Das läßt sich zum Beispiel gut an Großbritannien beobachten. Während der letzten Vereisung waren die Eismassen bis London vorgedrungen und drückten das Land nach unten. Von dem enormen Gewicht des Eises befreit, dreht sich die Insel in ihre alte Lage zurück. Der südliche und östliche Teil sinkt, die nördlichen und westlichen Gebiete dagegen steigen, und zwar in 100 Jahren um etwa zwölf Zentimeter. Das hat sich inzwischen bemerkbar gemacht. So lag das im Jahre 1286 erbaute Harlech Castle einst direkt an der Küste von Wales. Vom Schloß konnte man über eine Treppe sofort in ein Boot steigen. Heute liegt Harlech Castle etwa einen Kilometer von der Nordsee entfernt. In London ist es genau umgekehrt. Zur Römerzeit gelangten die Gezeiten bis zur London Bridge, jetzt können sie bereits rund 30 Kilometer weiter landeinwärts gemessen werden.
So wie sich Großbritannien von der Eiszeit erholt, regeneriert sich auch die Erdkruste im westlichen Atlantik von dem Meteoreinschlag. Der Meeresboden dort wird in den folgenden Jahren langsam aus den Fluten auftauchen. Vielleicht wird einmal das gesamte Plateau sichtbar sein. Die heutigen Bahama-Inseln haben eine Gesamtfläche von 13 939 Quadratkilometern. Aber das ist nur ein Bruchteil jenes Landes, das einstmals über dem Meeresniveau lag. Wir dürfen also noch einiges aus dieser Region erwarten.
Die bisherigen Arbeiten der Forscher haben eindeu-

tige Beweise erbracht, daß die Anlagen künstlich sind, also von Menschen errichtet wurden. Dennoch bleiben die Bauwerke in der Fachwelt heftig umstritten. Es gibt Archäologen, die der Auffassung sind, daß mit der Anerkennung der Unterwasseranlagen um die Bahamas das Gebäude des bislang bestehenden Weltbildes zerstört wird. Aber das ist keineswegs der Fall. Es würde sich lediglich herausstellen, daß die Kritiker sich geirrt haben; und das kann ja wohl jedem Menschen passieren. Natürlich wären die Konsequenzen bei einer Anerkennung gewaltig, ließe sich doch mit dieser Kultur manches Rätsel der Vergangenheit lösen. Auch das der Pyramiden?

Diese Anlagen entstanden in geschichtlicher Zeit, wurden in vielen Schriften beschrieben und in Bildern dargestellt. Also können die Bauwerke eigentlich keine Geheimnisse mehr enthalten. Aber das scheint keineswegs sicher zu sein.

So wurde erst vor wenigen Jahren in der heiligen Mayastadt Chichen Itzá eine interessante Entdeckung gemacht. Am Tag der Sonnenwende bilden die von den Stufen ausgehenden Schatten der Tempelpyramide ›El Castillo‹ zu einer bestimmten Tageszeit an den Seiten der nach oben führenden Treppen exakt gleichschenklige Dreiecke.

Über Jahrzehnte hinweg hat man in den Pyramiden der Neuen Welt nur angehäufte Steinberge gesehen. Nun stellt sich heraus, daß auch sie offenbar voller Geheimnisse sind. Dasselbe wird seit langem den Bauwerken dieser Art im Lande des Nils nachgesagt. Sie zu erbauen muß ungeheuer schwierig gewesen sein,

denn beim Errichten solcher Anlagen treten auch statische Probleme auf. Laborversuche haben gezeigt, daß eine Pyramide nach einiger Zeit im unteren Drittel ausbeult, wodurch der Einsturz des Denkmals ausgelöst wird. Was stehen bleibt, ist bestenfalls der Kernbau. Die Ursache dafür ist das Eigengewicht der Grabstätte. Um dem zu begegnen, müssen ›Strebemauern‹ eingezogen werden. (Strebemauern und Strebepfeiler haben die Aufgabe, die auftretenden nach außen gerichteten Kräfte zum Fundament hin abzuleiten.) Da die Pyramiden heute noch stehen, müssen sie solche stützenden Pfeiler besitzen. Untersuchungen haben dies bestätigt.
Nun muß man aber wissen, daß die Kenntnis von der Statik nur in der Praxis zu erwerben ist. In unseren Tagen kann zwar jedes statische Problem in den meisten Fällen berechnet werden, aber nur deshalb, weil das Wissen in der Mathematik enorm anstieg. Doch vor allem wurde es durch die inzwischen erlangte Erfahrung auf diesem Gebiet möglich, die Kräfte rechnerisch zu ermitteln. Die Pyramiden in Ägypten sind die ältesten und damit ersten Bauwerke dieser Art auf der Erde. Sie haben keine Vorbilder. Wenn hier kein Ratgeber geholfen hat, dann muß der Baumeister der ersten Anlage (Stufenpyramide in Sakkara) die Gefahr des Einsturzes sofort erkannt und auf Anhieb die Strebemauern erfunden haben. Denken wir jetzt an die vielen Versuche von heute, um eine neue Erfindung funktionstüchtig zu machen, löst das Vorgehen des ägyptischen Architekten einiges Erstaunen aus.
Betrachten wir noch einen weiteren Punkt, der stutzig

macht. Uns allen ist Leonardo da Vinci als Maler bekannt. Wird sein Name genannt, denken wir sofort an das Gemälde der ›Mona Lisa‹. Aber nur wenige wissen, daß er auch als Techniker und Bauingenieur tätig war. Leonardo entwarf zum Beispiel Kugellager, Zahnräder, Kettenantriebe und so weiter. Er konstruierte auch eine Brücke, die über das ›Goldene Horn‹ von Pera nach Konstantinopel führen sollte. Fast nichts von dem, was da Vinci entwickelte, konnte jedoch verwirklicht werden, weil die Entwürfe seiner Zeit zu weit voraus waren. Diese Behauptung der Fachleute leuchtet auch ein, denn das technologische Know-how im 15. und 16. Jahrhundert ließ, aus unserer Sicht, einiges zu wünschen übrig. Doch die Ägypter waren auch nicht besser dran. Ihre Möglichkeiten waren sogar noch geringer, zumal ihnen keine mechanischen Hilfsmittel zugestanden werden. Wissen allein genügt also nicht. Daß die damaligen Bauleute exzellente Handwerker waren, soll keineswegs bestritten werden. Aber die Fähigkeit, einen Steinblock mit Akribie zu bearbeiten, reicht nicht aus, um Bauwerke wie die Pyramiden zu errichten. Dazu gehört mehr! Deshalb müssen wir mit Verwunderung zur Kenntnis nehmen, was Wissenschaftler und Amateurforscher in den Grabstätten entdeckten. Vor allem das Cheops-Denkmal, das letzte erhaltene der Sieben Weltwunder, soll ein einziges Rätsel sein.

Seit rund 200 Jahren ist die Cheops-Anlage immer wieder untersucht worden. Dabei sind auch einige wichtige Entdeckungen gelungen. Doch nicht alles, was gefunden wurde, kann einer sachlichen Kritik standhal-

Eingang eines hethitischen Tempelpalastes aus dem 2. Jahrtausend v. Chr. (1)

Die »Schmelzwerke König Salomos« in der Negeb-Wüste bei Eilat (2)

Statue Ramses' II. in Luxor (3)

Die Tempelanlage Abu Simbel, die Ramses II. den Reichsgöttern Amun, Re und Ptah erbauen ließ (4, 5)

ten. Nicht wenige Fakten scheinen an den Haaren herbeigezogen – und sind es wohl auch. Daher ist es kein Wunder, wenn neue Aussagen über die Cheops-Pyramide von vornherein als Spinnerei abgetan werden. Doch unsere Betrachtungen werden durch Zahlen belegt und können jederzeit und beliebig oft überprüft werden.

Daß die Cheops-Grabstätte zu dem wohl interessantesten Bauwerk auf der Erde avancieren würde, daran hatte der ›Astronomer Royal of Scotland‹ Charles Smith (1819–1900) sicherlich nicht gedacht, als er seine Entdeckungen an dem Denkmal publizierte. Vor allem sein Hinweis, die Kreiszahl Pi ergäbe sich aus den Maßen der Pyramide, fand große Beachtung. (Wird der halbe Umfang des Bauwerks durch dessen Höhe dividiert, erhält man tatsächlich die transzendente Zahl Pi = 3,14.)

Diese Verhältniszahl, mit deren Hilfe der Umfang und die Fläche eines Kreises zu einem gegebenen Durchmesser bestimmt wird, berechnete der holländische Mathematiker Ludolf van Ceulen (1540–1610) erstmals bis auf 35 Stellen genau. Aber der Grieche Archimedes (287–212 v. Chr.) kannte sie auch schon. Daß die Ägypter um 2600 v. Chr. (in dieser Epoche herrschte König Cheops über dem Nilland) ebenfalls von dieser Zahl Kenntnis hatten, erscheint unglaublich. Also konnte es nur ein Zufall sein, zumal Pi für die Berechnung einer kubischen Pyramide nicht gebraucht wird.

Aus dem Moskauer Papyrus (1850 v. Chr.) erfahren wir, daß die ägyptischen Priester vor etwa 4000 Jahren

fähig waren, das Volumen einer Pyramide zu berechnen. Heute nehmen wir dazu die Gleichung: $V = G \times h/3$. Die Grundfläche (G) erhalten wir aus der Multiplikation Seite mal Seite oder, wie es in der Schule gelehrt wird, $a \times a$. Ist zum Beispiel das Volumen gegeben, dafür aber die Grundfläche oder die Höhe unbekannt, brauchen wir die Gleichung nur umzustellen; sonst ändert sich nichts. Wird der Schwerpunkt (S) des Bauwerks gesucht, genügt die einfache Formel $h/4$. Und wollen wir die Oberfläche der Anlage ermitteln, müssen wir die Grundfläche und die Mantelfläche addieren. Die Mantelfläche ergibt sich aus dem Flächeninhalt der vier Dreiecksseiten der Anlage. Dazu nehmen wir die bekannte Gleichung für ein gleichschenkliges Dreieck: $F = g \times h/2$, wobei g = Grundlinie und h = Höhe ist. Wie zu sehen, taucht Pi in keiner Gleichung auf. Damit dürfte bewiesen sein, daß die Kreiszahl für die Berechnung oder den Bau einer kubischen Pyramide nicht benötigt wird. Dennoch ist die Ludolfsche Zahl in der Anlage enthalten. Demnach kann das kein Zufall sein, folgerten Smith und andere Pyramidenforscher nach ihm. Ob der Architekt den Wert Pi mit Absicht in dem Bauwerk unterbrachte oder ob es ein zufälliges Ergebnis ist, wird vielleicht deutlicher, wenn wir zunächst ein kleines Gedankenspiel machen.
Stellen wir uns vor, wir bekämen den Auftrag, solch eine Anlage wie das Cheops-Denkmal zu bauen. Alle Vorarbeiten sind erledigt, es kann also losgehen. Was bemerken wir als erstes? – Die Spitze der Pyramide hängt unsichtbar fast 150 Meter über uns in der Luft.

Wie und mit welchen Mitteln kann dieser Punkt erreicht werden?
Als Ausgangspunkte haben wir die vier Ecken des quadratischen Grundrisses sowie die Basislinien von Ecke zu Ecke, also die Randbegrenzungen der Grundfläche des Bauwerks. Von dort aus sollen die Seiten der Pyramide gleichmäßig nach oben streben und besagten Punkt treffen. Da die Steine nicht nach Gutdünken übereinandergelegt werden dürfen, brauchen wir hierfür ebenso eine Maßeinheit wie für die Basislänge und die Höhe. In diesem Fall also ein Winkelmaß!
Wenn wir es nicht schon bei der Planung merkten, dann fällt uns spätestens beim Setzen der zweiten Steinreihe auf, daß der Winkel unerläßlich ist. Ohne ihn ergäbe sich mit Sicherheit eine Abweichung von der Kantenführung, so daß sich die Spitze nach Vollendung der Anlage nicht über dem Mittelpunkt des Grundrisses befände. Die Pyramide würde schief in die Luft ragen. Wird die Divergenz vor der Fertigstellung bemerkt, muß korrigiert werden. Das aber ergibt einen Knick in den Kanten. Damit dürfte klar sein, daß wir den Winkel vor Baubeginn kennen müssen, weil nur mit dessen Hilfe die Neigung der Flächen kontrolliert werden kann. Und das muß auch der Baumeister gewußt haben, denn alle pyramidalen Bauwerke stehen gerade, und auch ihre Kanten weisen keinen Knick auf. Eine Ausnahme bildet die Knickpyramide (daher der Name), die aber mit Absicht so gebaut worden ist.
Unterstellen wir einmal, Hemon (er war der Baumeister des Cheops-Denkmals) kannte die Zahl Pi und wollte sie in dem Bauwerk unterbringen, dann

brauchte er nur die Basislänge festzulegen und sie durch Pi/2 zu dividieren, um die Höhe zu erhalten:

230,12 : 1,57 = 146,57 Meter.

Die beiden Maße reichen aus, eine Pyramide zu bauen. Sind aber Basislänge und Höhe bekannt, dann ergibt sich ja der Winkel automatisch, könnte jetzt eingewendet werden. Theoretisch gesehen ist der Einwand korrekt, aber in der Praxis widerlegt er sich selbst. Auch wenn der Winkel durch Basis und Höhe schon festgelegt ist, muß er dennoch, wie etwas weiter oben schon gesagt, mit wachsender Bauhöhe immer wieder kontrolliert werden. Und das kann man eben nur, wenn seine Größe bekannt ist. Weichen nämlich die Kanten nur um ein Grad von der Geraden ab, verfehlen sie die Spitze um etwa sechs Meter.

Da der Winkel eine so große Bedeutung hat, wollen wir ihn eingehender betrachten. Zunächst müssen wir fragen, warum der Architekt ausgerechnet den Wert 51 Grad 52 Minuten wählte, um damit das Cheops-Denkmal zu errichten, denn 50 Grad oder 45 Grad lassen sich einfacher kontrollieren. Und wie hat er den Winkel ermittelt? Es ist nämlich keineswegs sicher, daß der Baumeister den Winkel aus den Maßen der Anlage bestimmte. Das ist nur eine allgemeine Annahme, weil sich aus Basis und Höhe die Kreiszahl Pi ermitteln läßt. Wir müssen deshalb nach Fakten suchen, aus denen sich die Folgerungen ableiten lassen, daß es sich nicht um einen Zufall handeln kann. Deshalb schauen wir uns den Winkel näher an.

Die inzwischen entdeckten Papyri aus dem Lande der Pharaonen beweisen zweifelsfrei, daß die ägyptischen

Priester beachtliche geometrische Kenntnisse besaßen. So verwendeten sie zum Beispiel das pythagoreische oder heilige Dreieck mit den Seiten 3–4–5 bei ihren Tempelbauten. Und wir wissen, daß die Priester-Gelehrten jener Zeit bereits die Beziehungen zwischen den Dreiecksseiten erkannt hatten. Es deutet auch einiges darauf hin (hier sind sich die Wissenschaftler allerdings noch nicht ganz sicher), daß in Ägypten Zahlenwerte bekannt waren, die wir heute als Sinus, Tangens usw. bezeichnen.

Ein rechtwinkliges Dreieck besteht aus einer Hypotenuse und zwei Katheten. Und die finden wir auch in der Pyramide. Denken wir uns eine gerade Linie, vom Mittelpunkt des Grundrisses ausgehend zur Basiskante, so daß diese halbiert wird, dann bildet die Höhe der Anlage (eine Kathete) mit dieser Linie (zweite Kathete) einen rechten Winkel. Nehmen wir die geneigte Fläche des Bauwerks als Hypotenuse, erhalten wir ein rechtwinkliges Dreieck. Die Katheten stehen in einem festen Verhältnis zueinander. Dividieren wir die Höhe durch die gedachte Linie:

$$146{,}57 : 115{,}06 = 1{,}27386,$$

bekommen wir den Tangenswert. Nun existieren ebenso viele Tangens, wie es Winkel gibt. Aber – zu jedem Tangenswert gehört nur *ein* Winkel. In unserem Fall steht der Tangens 1,27386 für den Winkel 51 Grad 52 Minuten. Daraus folgt, daß der Baumeister den Winkel nicht wählte, sondern rechnerisch ermittelte. Allerdings muß dann vorausgesetzt werden, daß er die Basislänge und die Höhe des Denkmals vor Baubeginn festlegte. Und so wird es auch gewesen sein. Deutsche

Archäologen fanden nämlich ein Pyramiden-Modell aus Kalkstein. Sogar die vorgesehenen Kammern und Gänge waren bereits eingearbeitet. Also können wir davon ausgehen, daß der Architekt die Monumente zunächst plante und dabei Basislänge und Höhe bestimmte.

Was den Baumeister bewog, die Grabstätte des Königs Cheops mit diesen Abmessungen zu errichten, wissen wir nicht. Deutlich erkennbar ist aber, daß sich der Winkel aus den gewählten Maßen ergibt. Und damit wird die Sache interessant, denn von jeder Zahl kann man den reziproken Wert erhalten. Der Kehrwert des Tangens 1,27386 ist 0,785015. Diese Zahl aber stellt Pi/4 dar, denn es ist: 0,785015 × 4 = 3,14006 – also 3,14. Ob Hemon nun die Kreiszahl Pi kannte oder nicht, sie kam zwangsläufig (über den Winkel) in die Anlage. Er hat zwar den Winkel aus den Maßen des Denkmals ermittelt, doch muß er nicht unbedingt davon gewußt haben, daß der Winkel 51 Grad 52 Minuten die Kreiszahl Pi enthält. Und damit wäre alles Zufall. Andererseits verblüfft es, daß von den vielen Winkeln ausgerechnet der *eine* in dem Grabmal auftaucht, dessen Tangens reziprok zu Pi/4 wird. Das wäre in der Tat ein sagenhafter Zufall. Es sieht eher danach aus, daß derjenige, der die Pyramide erbaute, von der Besonderheit dieses einen Winkels gewußt hat. Eine Annahme, die durchaus berechtigt ist.

Die Texte der schriftlichen Zeugnisse, die damals in den Tempelarchiven des Nillandes aufbewahrt wurden und die auf uns kamen, lassen Zweifel aufkommen, daß Hemon der Baumeister der Cheops-Pyramide war. Der ägyptische Schreiber ›Ahmes‹ erläutert im Papyrus Rhind (der sich im Britischen Museum in London befindet), wie die Fläche eines Kreises zu berechnen ist, wenn man den Durchmesser kennt. Er verweist auf das Verhältnis 256 zu 81, das heißt: 256 : 81 = 3,16049. Es fehlt jedoch eine Erklärung, wie er zu Pi = 3,16 kam. Aber das soll uns nicht weiter interessieren. Wir stellen fest: In Ägypten hatte Pi die Größe 3,16. Wenn also Hemon die Kreiszahl in dem Bauwerk unterbringen wollte, dann konnte das nur der Wert 3,16 und nicht 3,14 sein. Auch ist nicht anzunehmen, daß er den tatsächlichen Wert kannte, ihn aber verschwieg. Folglich kann Hemon die Cheops-Pyramide nicht erbaut haben, weil ihm die Größe von Pi = 3,14 unbekannt war. Es sei denn, es handelt sich hier um einen kaum vorstellbaren Zufall. Auf jeden Fall riecht diese Diskrepanz verdächtig nach Entwicklungshilfe. Daß die Pyramide in Ägypten steht, erzwingt nicht das Postulat, der Architekt müsse ein Ägypter gewesen sein.

Kommen wir zu einem weiteren Argument, das auf eine Beeinflussung von außen hinweist. Es wird uns von R. Engelbrecht geliefert, langjähriger Kustos des Ägyptischen Nationalmuseums in Kairo. Er beschrieb, wie die Ägypter damals die Fläche einebneten, auf der später das Grabmal stehen sollte. Um eine möglichst genaue Nivellierung des Geländes zu erreichen, wurde um das Quadrat der Pyramide ein Graben gezogen. Er war kreisförmig und lief durch die Ecken des Quadrates. Dann zog man von den Ecken kleine Gräben, die wie Diagonalen durch das Quadrat liefen. Anschließend wurde ein innerer, kreisrunder Graben geschachtet, der die Quadratseiten in der Mitte berührte. Danach wurden die Gräben mit Wasser gefüllt. Da die Wasseroberfläche stets waagerecht ist, läßt sich in der Tat mit dieser Methode eine sehr genaue Nivellierung erreichen. Eine Vermessung mit modernen Geräten ergab, daß die Fläche, auf der die Cheops-Pyramide steht, nur wenig mehr als einen Zentimeter von der Ebene abweicht.

Wenn so vorgegangen wurde, dann war der Grundriß der Pyramide aber nichts anderes als ein Quadrat mit Um- und Inkreis. Darin sind die Grundfiguren der Geometrie enthalten: Kreis, Quadrat und Dreieck. Und alle Figuren stimmen in den Gradzahlen überein. Der Kreis hat bekanntlich 360 Grad. Die Summe der Innenwinkel eines Quadrates beträgt ebenfalls 360 Grad. Und ein rechtwinkliges Dreieck, also die Hälfte eines Quadrates, hat demzufolge die Winkelsumme von 180 Grad.

Die Beziehungen dieser Figuren zueinander waren und sind unveränderlich und behalten in der euklidischen Geometrie ihre Gültigkeit, solange die Welt besteht. Dabei spielt es keine Rolle, wie groß das Quadrat ist. Ob die Quadratseite nun 230 Meter lang ist wie beim Cheops-Denkmal oder nur zum Beispiel zwölf Zentimeter beträgt, es ergeben sich immer dieselben Lösungen aus den Beziehungen. Die Quadratseite muß jedoch nicht unbedingt einen geraden Wert haben, das heißt, die Länge kann beispielsweise auch 17,3 Zentimeter oder Meter betragen.

Beispiel: Dividieren wir den Flächeninhalt des Quadrates der Cheops-Pyramide durch den des dazugehörigen Inkreises, erhalten wir als Ergebnis: 52 955,21 : 41 569,84 = 1,27388.

Und nun das Quadrat mit zwölf Zentimetern Seitenlänge:

$$144 : 113{,}04 = 1{,}27388.$$

Wir erhalten also immer dasselbe Ergebnis. Dabei ist es völlig unerheblich, ob mit Elle, Yard, Meter oder einer anderen Maßeinheit (Pyramidenzoll) gerechnet wird.

Der aufmerksame Leser wird sofort bemerkt haben, daß wir den schon erwähnten Tangens als Lösung erhielten. Und er wird sich vielleicht auch verwundert fragen, was die Grundfiguren mit dem Denkmal zu tun haben. Den Tangens hatte der Baumeister ja bereits aus der Höhe und der halben Basislänge ermittelt. Die Anlage konnte also ohne Hilfe der Beziehungen aus den Figuren gebaut werden. Das ist richtig. Dennoch gibt es einen Anlaß, die Beziehung zwischen Quadrat und Kreis zu erwähnen.

Es muß doch sonderbar anmuten, daß der Tangens des Böschungswinkels der Cheops-Pyramide exakt mit einer festen Größe aus der Geometrie übereinstimmt, obwohl beides nichts miteinander zu tun hat. Wenn das nicht wieder als Zufall abgetan werden soll, dann hat hier irgendwer mit Hilfe einer für alle Zeiten feststehenden Größe auf ein Maß an Wissen hingewiesen, das in ägyptischen Quellen bislang nicht dokumentiert werden konnte.

Daß diese Annahme keineswegs absurd ist, zeigt das Vorgehen der NASA-Leute. Die Raumsonde Pionier

10, die 1972 in der Hoffnung gestartet wurde, daß sie irgendwann von anderen vernunftbegabten Wesen eingefangen wird, hat eine Botschaft für diese Außerirdischen an Bord. Es ist eine Plakette, auf der ein Mann und eine Frau abgebildet sind. Außerdem wird die Lage der Sonne in der Galaxis sowie die Stellung der Erde im Sonnensystem gezeigt. Die Erklärungen dazu sind in einem Binärcode dargestellt, der mit Hilfe eines angegebenen Schlüssels entziffert werden kann. Sollte die Sonde tatsächlich einmal entdeckt werden, dann weiß man dort, wo sie gefunden wird, daß noch andere intelligente Lebewesen existieren.

Wir haben also das Bedürfnis, uns anderen mitzuteilen, obwohl die Chance gering ist. Gleiches kann auch der Baumeister der Cheops-Grabstätte im Sinn gehabt haben. Er wollte auf diese Weise einen Hinweis liefern, daß auch damals schon ein hohes Wissen vorhanden war. Wer aber diese Zusammenhänge in der Geometrie kannte, der wußte in anderen Bereichen ebenfalls mehr, als man für jene Epoche erwarten kann. Somit ist nicht auszuschließen, daß in der Cheops-Pyramide noch weitere Hinweise stecken.

Bei unseren Überlegungen geht es jedoch nicht darum, nachzuweisen, ob im Cheops-Denkmal altes Wissen versteckt ist. Es soll nur hervorgehoben werden, daß der Baumeister allerhand im Kopf hatte. Und so ein kluger Mann muß ja einen Sinn darin gesehen haben, gewaltige Steinberge anzuhäufen. Das heißt, die Anlagen dienten einem bestimmten Zweck.

Nun ist die Deutung der Fachleute ja hinreichend bekannt. Es waren Gräber, sagen sie, obwohl es dafür keine schlüssigen Beweise gibt. Der für unsere Begriffe übertriebene Totenkult der alten Ägypter mag diese Erklärung provoziert haben. Aber beginnen wir da, wo auch der Baumeister begann.

Wann wurde die Cheops-Pyramide erbaut? Natürlich vor ungefähr 4600 Jahren, als König Cheops lebte, werden wir als Antwort erhalten. Herodot behauptet aber, sie sei bereits vor 12000 Jahren errichtet worden. Was trifft nun zu?

Untersuchen wir den Punkt, um Klarheit zu gewinnen. Als der französische General und spätere Kaiser Napoleon 1798 mit seiner Streitmacht in Ägypten landete, befanden sich in seiner Begleitung auch Wissenschaftler. Sie hatten den Auftrag, alle Pyramiden im Lande des Nils zu untersuchen. Und sie waren es dann auch, die unter anderem bemerkten, daß die abfallenden Gänge in den Bauwerken auf den Polarstern weisen. Das wurde später durch genauere Messungen bestätigt.

Bekanntlich führt die Rotationsachse unseres Planeten eine kreisende Bewegung aus, das heißt, die Drehachse schwankt wie ein langsam rotierender Kreisel. Und deshalb verschieben sich die Tagundnachtgleichen, aber auch die Position des Polarsterns. Sollte also tatsächlich das Vorrücken des Frühlingspunktes in der Cheops-Pyramide ›eingebaut‹ sein, dann können die abfallenden Gänge heute nicht mehr exakt auf den Nordstern zeigen, weil sich ja auch der Himmelspol laufend verändert.

Eine Kreisbewegung benötigt für die volle Drehung 25800 Jahre, wobei die Drehachse um etwa sieben

Grad schwankt. Damit kippt sie jährlich um 1/3600 Grad. Jetzt brauchen wir nur diesen Wert mit 4600 zu multiplizieren und erhalten als Lösung ungefähr ein Grad. Wir schlagen eine Sternkarte auf und schauen nach. Der Polarstern steht tatsächlich um etwa ein Grad versetzt neben dem Himmelspol.
Das bedeutet, der Polarstern (das ist der erste Fixstern ›Alpha‹ der Deichsel vom Kleinen Wagen – auch Kleiner Bär genannt) ist also scheinbar um diesen Betrag gewandert. Folglich muß diese Differenz auch in der Pyramide erscheinen, wenn die abfallenden Gänge wirklich einmal auf den Nordstern zeigten. Und das ist tatsächlich der Fall. Demnach kann das Bauwerk nicht vor 12 000 Jahren entstanden sein, wie von Herodot behauptet – oder doch? Die volle Taumelbewegung (360°) der Erdachse dauert, wie wir hörten, runde 25 800 Jahre. Von der Gegenwart an gerechnet, wird in ungefähr 14 000 Jahren die Wega im Sternbild Leier (lat. Lyra) der Polarstern sein. Addieren wir die vergangenen 12 000 Jahre hinzu (wenn die Pyramide zu jener Zeit gebaut wurde), bekommen wir das Ergebnis von 26 000 Jahren, was praktisch mit einer vollen Drehung der Rotationsachse übereinstimmt. Wurde die Cheops-Pyramide also vor 12 000 Jahren errichtet, dann stand die Wega nahe am Himmelspol und diente wahrscheinlich als Nordstern. Baute man das Grabmal erst vor 4600 Jahren, dann hatte der Stern Alpha des Kleinen Bären diese Funktion. Jetziger Polarstern und Wega stehen sich an dem von der Erdachse beschriebenen Kreis fast genau gegenüber.
Mit Hilfe der Himmelsmechanik ist die Epoche, in der

die Pyramide entstand, also nicht zu bestimmen. Aber es sind, von der Stellung der Sterne her, beide Daten möglich.

Was nun auch immer zutreffen mag, die nach unten laufenden Gänge mit dem Winkel von etwa 26 Grad hatten offenbar noch eine andere Bestimmung, als nur Gänge zu sein. Und solange diese Funktion nicht gefunden wird, bergen die Anlagen ein Geheimnis. Die noch immer klotzig in den Himmel ragenden Pyramiden bieten aber noch mehr Ungereimtheiten. So fand man am Fuße des Cheops-Denkmals einige Verkleidungssteine. Sie sind ungefähr zwei Meter lang, aber sie weichen nur um zwei Zehntel eines Millimeters von der Geraden ab. Nach Ansicht der Ägyptologen besaßen die Steinmetze aber nichts anderes als eine Maßschnur. Jedenfalls ist bislang weder in den schriftlichen Quellen noch in den bildhaften Darstellungen etwas anderes entdeckt worden, womit die Steine ausgemessen wurden.

Um diese hohe Genauigkeit der Kantenführung zu erreichen, müssen die Leute aber Präzisionsgeräte gehabt haben, denn anders läßt sich diese Exaktheit nicht erklären. Tatsache ist, daß man die geringe Abweichung erst feststellte, als die Blöcke mit modernen Geräten vermessen wurden. Die mit Akribie bearbeiteten Verkleidungssteine sind damit ein weiteres Rätsel an diesem Bauwerk.

Bei dem nun Folgenden geht es um die Frage, wie lange an dem Cheops-Denkmal gearbeitet wurde. Nach dem englischen Archäologen W. M. Flinders Petrie (1853–1942) betrug die Bauzeit nur 20 Jahre.

Nach Meinung heutiger Experten benötigte man dazu 35 Jahre.
Bevor wir diesen Punkt näher untersuchen, muß noch erwähnt werden, daß ein Quader 2,5 Tonnen (50 Zentner) wiegt und die Abmessungen 1,27 × 1,27 × 0,71 Meter hat. Verbaut wurden davon 2,3 Millionen Stück. Das wird allgemein anerkannt. Da den Erbauern keine mechanischen Hilfsmittel zugestanden werden, die Pyramide aber erbaut wurde, müssen die Blöcke ja irgendwie dahingekommen sein, wo sie jetzt sind.
Unterstellen wir einmal, ein Mann war in der Lage, zwei Zentner zu heben, dann wären 25 Leute nötig gewesen, um einen Steinblock nur zu rücken. Natürlich sind die Quader nicht getragen worden, sondern wurden gezogen. Fachleute schätzen, daß etwa 40 bis 45 Männer dazu nötig waren, einen Steinblock über eine Rampe nach oben zu bringen. Aber der Block mußte ja im Bauwerk an seinen Platz geschafft werden. Bei einer Länge von 1,27 Metern und einer Breite von 0,71 Meter konnten jedoch bestenfalls ringsum 14 Leute zupacken.
Wie also wurde der Stein, nachdem er oben war, an seine endgültige Stelle gebracht? Herodot beschrieb zwar eine Art Hebegerät, hinterließ aber nicht, wie das Ding aussah. Wir dürfen dabei allerdings nicht vergessen, daß die Pyramiden bereits 2000 Jahre standen, als der Grieche nach Ägypten kam. Er war also auch nur auf Überlieferungen angewiesen.
Bei seinen Betrachtungen über die Denkmäler in Ägypten übernimmt Petrie die Überlieferung von Herodot, wonach nur drei Monate im Jahr an den Grab-

stätten gearbeitet wurde, und zwar in der Zeit, wenn der Nil über seine Ufer trat. Nach 20 Jahren soll dann ein Grabmal fertig gewesen sein. Diese Annahme kann jedoch nicht zutreffen, und zwar aus folgendem Grund: Bei drei Monaten zu je 30 Tagen und einer Baudauer von insgesamt 20 Jahren hätten die Leute bei 2,3 Millionen verbauten Steinblöcken täglich 1277 Quader verlegen müssen. Da nicht anzunehmen ist, daß auch nachts gearbeitet wurde, legen wir den Arbeitstag mit zwölf Stunden fest. Dann hatten die Arbeiter stündlich 106 Blöcke mit dem Gewicht von 50 Zentnern in die Anlage einzubauen. Und dazu verblieb ihnen eine Zeit von 34 Sekunden pro Steinblock.
Um es klarzustellen: Vom ersten Rücken des Steins am Fuß der Pyramide bis zum endgültigen Platz im Bauwerk standen nur 34 Sekunden zur Verfügung. Danach durfte der Block nicht mehr bewegt werden. Und diese Norm war über die vollen 20 Jahre einzuhalten.
Wie lange braucht ein Lastenaufzug an heutigen Baustellen, um ein Gewicht zum Beispiel 30 Meter nach oben zu befördern? Je nach Belastung legt er im Mittel einen Meter pro Sekunde zurück, das heißt: Für 30 Meter braucht er etwa eine halbe Minute. Es soll noch einmal daran erinnert werden, daß die Cheops-Pyramide fast 147 Meter hoch ist.
Wenn das Cheops-Denkmal tatsächlich nur mit der Muskelkraft von Menschen erbaut wurde, dann wäre das ohne Frage eine phänomenale Leistung. Nur – Phänomene sind recht selten, und in Ägypten ragen sieben von diesen gigantischen Bauwerken in den Himmel.

Leider gibt es keinen Hinweis, außer dem Bericht von Herodot, der eine Anwendung von Kränen oder ähnlichem auch nur andeutet. Und so wurde gefolgert, daß die Erbauer solcher Anlagen nur ihre Hände zur Verfügung hatten. Unsere Untersuchung über den Einbau der Steinblöcke führt uns zu einer gegensätzlichen Auffassung.

Offenbar waren auch einige Fachleute von Petries These nicht überzeugt, und so gab es bald eine andere Version. Sie besagt, daß nicht drei Monate, sondern 365 Tage im Jahr gearbeitet wurde. Aber damit ist das Dilemma noch größer geworden, wie wir gleich sehen werden. Doch betrachten wir zunächst kurz, was sich bei 365 Arbeitstagen ändert.

Da die Pyramide eine Grabstätte sein soll, wird unterstellt, daß die Anlage vor dem Ableben des Königs fertig war. Pharao Cheops regierte nach den Annalen 23 Jahre, also wollen wir annehmen, daß sein Grabmal in 22 Jahren vollendet wurde. Obwohl nun 365 Tage gearbeitet wurde und der Arbeitstag ebenfalls zwölf Stunden lang war, mußte dennoch in 2,5 Minuten ein Stein sauber verlegt sein. Gehen wir davon aus, daß die Baudauer 35 Jahre in Anspruch nahm, was heute allgemein angenommen wird, verblieben pro Quader vier Minuten. Diese Zeiten für den Einbau eines 50 Zentner schweren Steines bleiben immer noch utopisch. Somit war es keinem Pharao vergönnt, seine Grabstätte als Lebender zu sehen.

Bei den bisherigen Betrachtungen ist ein Punkt noch nicht berücksichtigt worden, der für eine termingerechte Fertigstellung unabdingbare Voraussetzung ist:

die Zulieferung des Baumaterials. Das wurde offenbar vergessen, sonst hätte man wohl kaum die Arbeiten an der Pyramide auf ein Jahr ausgedehnt. Für die Transportkolonnen spielte es keine Rolle, ob die Steinmetze nun 90 oder 365 Tage am Bauwerk tätig waren. Ihnen stand ohnehin nur ein Vierteljahr zur Verfügung, solange der Nil Hochwasser führte. Die Steinblöcke kamen nämlich vom Mokattam-Gebirge, das auf der anderen Seite des Stromes liegt. Arbeitete man aber 365 Tage an der Pyramide, wurde der Transport zu einem unlösbaren Problem, denn die Männer hatten dann in drei Monaten das Baumaterial für ein ganzes Jahr über den Fluß zu schaffen. Und das waren bei 22 Jahren Bauzeit 2900 Tonnen oder 58000 Zentner täglich. Bei 35 Jahren mußten die Leute immer noch 1825 Tonnen oder 36500 Zentner pro Tag bewältigen.
Da die Quader aber erst vor Ort ihre endgültige Form erhielten, muß die Zahl der bewegten Tonnen noch erheblich höher angesetzt werden.
Wenn ein Fuhrunternehmen von heute den Auftrag bekäme, 2900 Tonnen von hier nach dort zu befördern, stünde die Firma vor argen Schwierigkeiten, wenn diese Tonnenzahl ebenfalls in nur zwölf Stunden bewegt werden müßte.
Nehmen wir an, der Unternehmer besitzt 30-t-Lastwagen und wäre mit dem modernsten Be- und Entladegerät ausgerüstet, dann müßten seine Leute in der vorgegebenen Zeit 97 Lkw be- und entladen, denn bei einer Tragfähigkeit von 30 Tonnen je Wagen werden 97 Lkw benötigt, um 2900 Tonnen aufzunehmen.
Unterstellen wir, 30 Tonnen (gleich zwölf Blöcke) wer-

den in 15 Minuten auf einem Laster verstaut und in der gleichen Zeit auch abgeladen, dann benötigen die Leute dazu 30 Minuten. Da dies 97mal geschieht, vergehen insgesamt 48,5 Stunden. Nun hat der Tag nur 24 Stunden, von denen wiederum nur zwölf gearbeitet werden. Jetzt kann natürlich eingewendet werden, ein Fuhrunternehmen würde mehr als einen Lkw einsetzen, so daß mehrere Laster gleichzeitig be- und entladen werden. Wir wollen voraussetzen, die Arbeiter bewältigen mit ihren modernen Geräten 240 Tonnen in einer Stunde. Das entspricht der Ladekapazität von vier Lkw. Dann hätten die Leute tatsächlich in zwölf Stunden 2900 Tonnen auf und ab bewegt; aber die Laster sind noch keinen Meter gefahren.
Natürlich sind 2900 Tonnen, bei entsprechender Anzahl von Lkw, in zwölf Stunden zu bewältigen. Es sollte auch nur deutlich gemacht werden, welche Mittel wir heute einsetzen müßten, um das zu schaffen, was den Ägyptern unterstellt wird. Sie hatten die Quader, wie schon erwähnt, noch über den Nil zu bringen. Es waren von ihnen also außerdem Wasserfahrzeuge zu be- und entladen. Darum soll dieser Punkt ebenfalls kurz untersucht werden.
Nehmen wir an, die ägyptischen Arbeiter schafften es, einen Block in zehn Minuten auf dem Boot, das 20 Steine aufnehmen konnte, zu verstauen. Und nehmen wir an, es wurden gleichzeitig 20 Wasserfahrzeuge beladen, dann waren nach 3 Stunden und 18 Minuten 400 Quader gleich 1000 Tonnen auf den Booten untergebracht. Um die gesamte Tonnenzahl zu verladen, wären 9 Stunden und 36 Minuten vergangen. Wurden

die Boote in der gleichen Zeit entladen, vergingen insgesamt 19 Stunden und 12 Minuten. Der Tag hatte aber nur zwölf Arbeitsstunden. Hinzu kommt, daß die Blöcke vom Steinbruch zur Verladestelle, von dort über den Nil und von der Landestelle zur Pyramide zu transportieren waren. Diese Zeit fehlt noch. Wir müssen sie den 19 Stunden und 12 Minuten noch zuschlagen.
Ein Fachmann aus dem Transportgewerbe wird die Angabe, daß in gut drei Stunden 1000 Tonnen allein mit der Muskelkraft von Menschen verladen wurden, mit einem Stirnrunzeln zur Kenntnis nehmen. Wir sind deshalb von dieser Angabe ausgegangen, damit das Gedränge an der Verladestelle nicht zu groß wird. Nach einer Schätzung von Fachleuten zogen etwa 40 Männer einen Quader. Das sind bei 400 Blöcken schon 16000 Menschen. Die Leute hatten aber, um die drei Stunden einzuhalten, ohne Verzögerung einen Steinblock nach dem anderen auf die Boote zu schaffen. Also mußten mindestens drei bis vier Steine je Boot bereitliegen. Das erhöht die Anzahl der Menschen ebenfalls um das Drei- bis Vierfache. Wären noch mehr Arbeiter an der Verladestelle aufgetaucht, hätte sich diese flußaufwärts immer weiter in die Länge gezogen. Damit wären zahlreiche Steinblöcke nicht über den Fluß gesetzt worden, sondern hätten erst eine Nilfahrt gemacht, um zur Baustelle zu gelangen. Daß sich dadurch der Transport in die Länge zog, liegt auf der Hand. Der Einwand, damals konnten beliebig viele Menschen für die geplanten Arbeiten eingesetzt werden, trifft also nicht in jedem Falle zu. Entscheidend

sind die örtlichen Gegebenheiten. Das gleiche gilt auch für die Männer im Steinbruch.
Unabhängig davon, wie viele Menschen für den Transport eingesetzt wurden und wie viele Boote zur Verfügung standen, es konnten nur so viele Steine auf die Wasserfahrzeuge geschafft werden, wie Blöcke aus dem Steinbruch angeliefert wurden. Um das Soll zu erreichen, mußten täglich 1160 Steine gewonnen werden, das heißt, in 37 Sekunden hatten die Arbeiter einen Quader aus dem Felsen zu brechen. Mit der angewendeten Technik war das ein Unding. Zunächst wurden Löcher in die Felswand gebohrt. Dann um den Steinblock ein Feuer entzündet und in Gang gehalten, um den Felsen zu erhitzen. Danach wurde Wasser in die Löcher gegossen. Infolge des abrupten Temperaturwechsels bildeten sich Sprünge in der Felswand. Um den Quader endgültig zu lösen, mußte mit Schlägel und meißelähnlichem Werkzeug nachgeholfen werden. Einige Ägyptologen glauben, daß mit gezahnten Kupferwerkzeugen die Steinblöcke aus dem Felsen gesägt wurden. Egal welche Methode angewendet wurde; es dauerte Tage, bis ein Quader frei war.
Wir wissen nicht, wieviel Zeit die Männer tatsächlich brauchten, um einen Quader aus der Felswand zu lösen. Aber es gibt Ergebnisse aus Untersuchungen in Bergwerken, die im 7. Jahrhundert v. Chr. in Betrieb waren. Danach kamen die Bergleute, mit Fäustel und Spitzkeil ausgerüstet, in verhältnismäßig weichem Gestein in 24 Stunden einen Zentimeter voran. Viel schneller werden die Ägypter wohl auch nicht gewesen sein.

Also nicht nur die Zeiten für das Einbauen der Quader in die Anlage, sondern auch die Zulieferung des Baumaterials zeigt uns, daß die angegebene Baudauer für das Cheops-Denkmal, und damit auch für alle anderen Pyramiden, nicht zutreffen kann.
William Kingsland, ein Professor der Astronomie, hat sich ebenfalls über die Bauzeit der Cheops-Pyramide Gedanken gemacht und dazu eine Rechnung aufgestellt. Die Anlage wurde nach seiner Meinung in 20 Jahren vollendet. Gearbeitet wurde zwölf Stunden täglich, und zwar das ganze Jahr hindurch. Somit hatten die Arbeiter 26 Quader am Tag zu verlegen. Nach dieser Rechnung war ein Stein in rund zwei Minuten einzubauen. Außerdem konnte das Baumaterial nur während der Nilschwemme über den Fluß gebracht werden. In diesen drei Monaten waren demzufolge täglich 3194 Tonnen von den Transportkolonnen zu bewältigen. Aber schon 2900 Tonnen stellen ein unlösbares Problem dar, wie wir gesehen haben. Und wenn ein Unternehmen in unseren Tagen schon zwölf Stunden benötigt, um die erforderliche Tonnenzahl mit Hilfe moderner Geräte nur auf- und abzuladen, wie lange brauchten dann wohl die Ägypter mit ihren Muskeln?
Damit ist die Reihe der Rätsel um die Entstehung der Pyramiden allerdings noch nicht zu Ende, denn man weiß heute, daß die Ägypter ihre großen Anlagen in einem Zeitraum von ungefähr 120 Jahren erbauten. Zwar wurden zehn Denkmäler begonnen, aber nur sieben vollendet. Wenn eine Baudauer von nur 30 Jahren je Grabstätte angenommen wird (die Zeit für die angefangenen, jedoch nicht fertiggestellten Anlagen

wollen wir einmal ausklammern), dann vergingen 210 Jahre. Also, so wurde gefolgert, müssen immer zwei Pyramiden in etwa der gleichen Zeit entstanden sein. Dann dürfte wohl auch sicher sein, daß das Cheops- und das Chephren-Denkmal gleichzeitig erbaut wurden. Nun ist die Chephren-Pyramide nur unwesentlich kleiner. Das bedeutet: Die ermittelten Tonnenzahlen, die über den Nil zu bringen waren, müssen verdoppelt werden.

Es gibt einen weiteren Hinweis darauf, daß die angenommenen Jahreszahlen für die Bauzeiten der Pyramiden erheblich überschritten wurden. Das zeigt ein Pyramiden-Torso neben dem Djoser-Denkmal (Stufenpyramide in Sakkara). Die dort von dem im Jahre 1959 verstorbenen ägyptischen Archäologen Zakaria Goneim geleitete Ausgrabung dauerte von September 1951 bis November 1953. Dabei wurde eine nicht fertiggestellte Pyramide freigelegt, die eine Basislänge von 120 Metern und eine Höhe von sieben Metern hat. Da im Mauerwerk eine Stele (Grenzsäule) von König Djoser gefunden wurde, nahm man an, der Nachfolger habe mit dem Bau begonnen. Das war Djoser-teti. Der Pyramiden-Torso wurde später dem Pharao Sechemchet zugeschrieben. Für unsere Überlegungen spielt es keine Rolle, wer nun der Besitzer ist oder war, beide Herrscher regierten nur fünf Jahre. Den Abmessungen zufolge war die vermutliche Endhöhe dieser Anlage 70 Meter. Daraus kann man folgern: Wenn bei Amtsantritt des Königs mit den Arbeiten begonnen wurde, dann hätte die gesamte Bauzeit runde 50 Jahre betragen, wenn nach fünf Jahren sieben Meter Bau-

höhe erreicht waren. Das fiel auch Goneim und seinen Mitarbeitern auf. Also wurde die Höhe, bei der die Arbeiten abgebrochen wurden, auf 14 Meter festgelegt. Damit betrug die Bauzeit nur noch 25 Jahre.
Obwohl in der Regel die Tatsachen entscheidend sind, die man vorfindet, soll diese Änderung akzeptiert werden. Die Cheops-Anlage hat nämlich eine Basislänge von 230 Metern und eine Höhe von 146,5 Metern. Sie wäre also, dem Aussehen nach, doppelt so groß gewesen wie die entdeckte Pyramide, hätte man an ihr die Arbeiten vollendet. Entscheidend aber ist, daß die Cheops-Pyramide etwa das 7,7fache Volumen gegenüber dem anderen Bauwerk hat, oder genauer, gehabt hätte. Das bedeutet: In der Cheops-Grabstätte sind fast acht Anlagen vom Typ des Pyramiden-Torsos neben dem Djoser-Denkmal enthalten.
Hier stimmt also die Relation nicht. Wenn nämlich die Bauzeit für das Sechemchet-Denkmal 25 Jahre in Anspruch genommen hätte, dann reichten keine 35 Jahre, um das achtfache Volumen für die Cheops-Pyramide zu verbauen. Dann wären etwa 200 Jahre nötig gewesen.
Um das eben Gesagte zu verdeutlichen: Nehmen wir an, man hätte mit dem Bau der Cheops-Pyramide und des Sechemchet-Denkmals zur gleichen Zeit begonnen. Nach 25 Jahren wäre dann die Anlage des Königs Sechemchet wohl fertig gewesen, aber die Leute am Cheops-Bauwerk hatten noch das siebenfache Volumen zu verbauen. Und da ihre Zeit 35 Jahre nicht überschreiten durfte, mußten sie das in den restlichen zehn Jahren schaffen. Sie hatten also – dem Volumen nach –

noch sieben Anlagen von der Größe des Sechemchet-Grabmals zu errichten, das heißt in knapp anderthalb Jahren eine Pyramide, für die aber jeweils 25 Jahre benötigt wurden.
Ein Kommentar erübrigt sich wohl.
Damit haben wir einen weiteren Punkt gefunden, der es zweifelhaft erscheinen läßt, daß ein Pharao in solch einem Bauwerk seine letzte Ruhe fand. Dennoch werden bis heute die Pyramiden in Ägypten als Grabdenkmäler angeboten, obwohl in dieser Hinsicht nichts entdeckt wurde, was die Annahme untermauern könnte. In den zehn Grabstätten wurden vier Sarkophage gefunden, aber nicht eine einzige Mumie. Der Fund in der Mykerinos-Pyramide konnte als eine untergeschobene Bestattung entlarvt werden. Sie stammte also aus einer späteren Zeit. Somit verbleiben noch drei Särge. Ein Sarkophag wurde in dem eben erwähnten Pyramiden-Torso entdeckt. Damit bleiben noch zwei Sargbehälter. Davon befindet sich je einer in der Cheops- und der Chephren-Anlage. In den sieben vollendeten Grabdenkmälern sind also nur zwei Sarkophage gefunden worden. Allerdings waren sie leer. Diese sind aber nun so groß, daß sie nicht durch die angelegten Gänge transportiert werden können, das heißt, man mußte den Sarkophag in die Grabkammer bringen, bevor die Gänge fertig waren.
Deshalb befand sich der Sargbehälter auch bereits im Sechemchet-Denkmal. Dann allerdings wurden die Arbeiten abgebrochen. Wenn nun die Grabkammern von fünf fertiggestellten Pyramiden völlig leer waren,

warum sind diese Anlagen dann überhaupt erbaut worden, wenn es Gräber sein sollen?
Der Hinweis, aus Furcht vor Grabräubern seien die Könige an einem geheimen Ort bestattet worden, erscheint etwas merkwürdig. Muß daraus die Folgerung abgeleitet werden, daß die Pyramiden nur zur Täuschung der Grabräuber erbaut wurden?
Da keine Mumie gefunden wurde, vertraten Ägyptologen die Auffassung, in den Pyramiden sei die Seele des Gottkönigs beigesetzt worden. Pharao Cheops regierte 23 Jahre und sein Sohn und Nachfolger Chephren 26 Jahre. Akzeptieren wir die offiziellen Bauzeiten, dann mußten ihre Seelen rund ein Jahrzehnt warten – wo? Es ist schon eine harte Anforderung an die Aufnahmefähigkeit, wenn man sich vorstellen soll, daß da einige Millionen Kubikmeter Steine zusammengetragen wurden, um etwas Unsichtbares zu bestatten.
Sind all das Wissen, das Können und die Mühen tatsächlich für eine Grabstätte aufgewendet worden, in der niemand seine letzte Ruhe fand?
Die Frage, wo denn nun die Könige begraben sind, sollte die Ägyptologen mehr interessieren als uns.
Das sind die Rätsel, die es noch zu lösen gilt. Sicher ist nur eines: Mit der menschlichen Muskelkraft allein waren diese Leistungen nicht zu verwirklichen. Weder die damalige Technologie noch die Zeit reichen dafür aus. All das paßt aber zu Menschen, die schon eine höhere Daseinsform erreicht hatten und die bereits Techniken beherrschten, um solche Aufgaben bewältigen zu können.

Kapitel 3

Die Seefahrt – ein Meer der Rätsel

Schon die Alten fuhren über die Meere /
Wie steuert man einen Baumstamm im Wasser? /
Das Cheops-Boot /
Die dunkle Erinnerung an ein Land im Westen /
Punt, das geheimnisvolle Goldland /
Seltsame Entdeckungen / Der Weg nach Westen /
Schwimmende Kürbisse und andere Pflanzen /
Rätselhafte Übereinstimmungen /
Die Schiffe der Sintflut

Wenn wir davon ausgehen, daß schon eine hochentwickelte Kultur existierte, bevor die uns bekannten Zivilisationen entstanden, dann baute sie auch mit Sicherheit Schiffe. Allein schon die Neugier forderte den Menschen dazu heraus. Waren erst einmal die entsprechende Entwicklungshöhe erreicht und die technischen Mittel zur Hand, wurde auch versucht, diese Neugier zu befriedigen. Das Unbekannte hinter dem Horizont wirkte auf die Menschen wie ein Magnet. Wäre es nicht so gewesen, dann gäbe es wahrscheinlich bis heute kein Boot. Da aber die Existenz einer frühen Hochkultur abgelehnt wird, sollen unsere Vorfahren, wie in allen Bereichen, natürlich auch nicht allzuviel von der Seefahrt gewußt haben. Aber die Experten fanden hier ebenfalls ein Wissen vor, das uralt sein muß. Natürlich bemühten sich die Fachleute, diese Tatsache zu erklären. Was man aus diesen Deutungsversuchen herauslesen kann, ist wirklich interessant. Es wurden aus einigen Publikationen solche Darstellungen einmal zusammengetragen. Das liest sich dann wie folgt:

> Die Seefahrt ist eine der Säulen menschlicher Entwicklung. Sie ist das Objekt, an dem der Mensch seinen Mut und seine Risikobereitschaft erproben konnte.
> Der eigentlich ans Land gebundene Zweibeiner nahm die Herausforderung an, die er, genaugenommen, sich selber stellte, und blieb Sieger.
> Seine Neugier und sein Mut waren groß genug, um alle Hindernisse und Gefahren zu überwinden.

Es ist doch wahrhaft erstaunlich, welche Fähigkeiten hier unseren Ahnen zuerkannt werden, die man ihnen in anderen Bereichen so hartnäckig verweigert.
Doch warum soll der Mensch seinen Mut nur auf dem Wasser bewiesen haben? Das Meer war und ist bis in die Gegenwart nicht sein Lebensraum. Darum ist wohl noch heute oft die Meinung zu hören, die Ozeane seien vor einigen tausend Jahren unüberwindliche Barrieren gewesen. Aus diesem Grund heißt es wohl auch in einem modernen Lexikon, daß erst mit dem Übergang zum reinen Segelantrieb im 13. Jahrhundert die Voraussetzungen geschaffen wurden, um die offenen Weltmeere zu befahren. Und dann lesen wir noch: »Besegelte Schiffe gab es schon um 2000 v. Chr.«
Seit Jahrzehnten aber ist in der Fachwelt bekannt, daß die Inder um 1500 v. Chr. über den Indischen Ozean fuhren (runde 2000 Kilometer), um ihr Teakholz im Jemen abzuliefern.

Egal, ob die Schiffe oben Segel hatten und unten Rudermänner saßen, die Weltmeere sind nicht erst im 13. Jahrhundert befahren worden, sondern, von den Indern ausgehend, 2800 Jahre früher. Und besegelte Schiffe kannte man erst 2000 Jahre vor der Zeitrechnung? Wie sind dann eigentlich die Pilger vor mehr als 6000 Jahren nach Malta gekommen?

Geschwommen sind sie ja wohl nicht, also ruderten sie in einem Boot. Und es ist zu vermuten, daß sie von Sizilien kamen, denn zwischen den beiden Inseln besteht die geringste Entfernung. Malta ist aber, durch die Straße von Messina getrennt, dennoch etwa 100 Kilometer entfernt. Die Strömung beträgt hier im Mittel zehn Seemeilen quer zur Fahrtrichtung in 24 Stunden. Das sind 0,8 Kilometer in der Stunde. Wie haben die Pilger ohne Windunterstützung (Segel) das geschafft? 0,8 Kilometer in der Stunde entsprechen 22 Zentimetern in der Sekunde. Und die Strömung kam von der Seite. Die Pilger wurden demnach um 22 Zentimeter in der Sekunde vom Kurs abgedrängt. Um die Richtung zu halten, waren Segel erforderlich und vor allem – leistungsfähige Wasserfahrzeuge. Es dürfte damit als erwiesen gelten, daß auch sie schon Segel kannten.

Übrigens: Als die Ägypter um 3000 v. Chr. jenes sagenhafte Punt ansteuerten, fuhren sie bereits mit besegelten Schiffen.

Im großen ›Atlas zur Weltgeschichte‹ (Lingen Verlag, Köln 1986) beginnt der Bericht über die Besiedelung Europas folgendermaßen: »Siedler aus Anatolien, einem Ursprungsland des Ackerbaus, überquerten das Ägäi-

sche Meer und gelangten um 6000 v. Chr. nach Thessalien und Kreta.« Sir Arthur Evans (1851–1941) war dagegen der Meinung, daß die ersten Menschen Kreta etwa 10000 Jahre vor der Zeitrechnung erreichten.
Anatolien liegt in der Türkei. Um von dort aus Thessalien, eine Landschaft in Nordgriechenland, zu erreichen, konnten die Siedler von Insel zu Insel fahren und so ohne größere Schwierigkeiten das Ägäische Meer überqueren. Aber nach Kreta zu kommen war nicht so einfach. Der kürzeste Weg führt über Rhodos und Karpathos. Beide Inseln trennen ungefähr 50 Kilometer. Danach verblieben noch 60 Kilometer, um nach Kreta zu gelangen. Die Meeresströmung war günstig. Aber – woher wußten die Siedler eigentlich, daß in 50 beziehungsweise 60 Kilometern Entfernung eine Insel liegt?
Wer in neue Bereiche vordringt, marschiert nicht einfach drauflos, sondern tastet sich langsam vorwärts. Es werden also erst einmal Erfahrungen gesammelt, das heißt, man fuhr zunächst an den Küsten entlang, bevor der Sprung in die Weiten des Meeres getan wurde. Diese Meinung wird ja auch heute vertreten.
Expeditionen über die offene See gab es also am Anfang nicht; denn auch die Alten segelten nicht übers Meer, ohne die Gewißheit zu haben, auf Land zu treffen.
Fuhren die Siedler aber nach Kreta in der Absicht, dort seßhaft zu werden, so hatten sie auch Saatgut und Viehzeug an Bord. Und dann wußten sie, daß es sich lohnte, dort Niederlassungen zu gründen.
Wer hat ihnen das vor 8000 oder gar 12000 Jahren ver-

raten? Die Auffassung, die Ozeane seien erst sehr spät erobert worden, mag auch an dem hohen Standard liegen, den wir inzwischen erreichten. In unserem Zeitalter überqueren Düsenflugzeuge und Motorschiffe ohne Schwierigkeiten die Meere in allen Richtungen. Die Welt ist dadurch scheinbar kleiner geworden, und wir können uns nicht mehr vorstellen, wie man, mit einfachen Mitteln ausgestattet, weite Strecken auf dem Wasser zurücklegte. Dabei folgten schon die ersten Händler vor über 20000 Jahren den Flußläufen auf schwimmenden Untersätzen.

Der hohe Nutzwert dieses Transportmittels wurde mit Sicherheit sehr früh erkannt. Schon vor einer Million Jahren, wahrscheinlich sogar noch früher, müssen Wasserfahrzeuge benutzt worden sein. Als nämlich der Homo erectus (ein evolutionärer Vorgänger von uns) in jener Zeit begann, über den Globus zu wandern, hatte er auch breite Flüsse zu überqueren. Dazu benutzte er einen Baumstamm, sagen die Fachleute. Dabei merkt jeder zehnjährige Junge nach zweimaligem Probieren, daß sich der Stamm im Wasser plötzlich drehen kann. Wie unsere Vorfahren damit größere Entfernungen auf dem Wasser zurücklegten, ist nicht erklärt worden. Denn manchmal waren Strecken von mehr als 100 Kilometern zu überwinden. So wurde zum Beispiel am Mungosee im Südosten von Australien eine Grabstätte entdeckt, in der die Überreste eines Cro-Magnon-Menschen lagen. Es handelt sich um eine Brandbestattung, die ein Alter von 32000 Jahren hat.

Daß schon zu dieser Zeit der Cro-Magnon dort angetroffen wird, ist weniger überraschend als die Tatsache, daß er in Australien überhaupt ankam, wenn er nur einen Baumstamm benutzte. Und da der Bestattete nicht allein den Ausflug unternahm, denn im Süden des Kontinents wurde in jener Epoche bereits der begehrte Feuerstein abgebaut, müssen wir uns demnach eine Flotille von Baumstämmen vorstellen.

Zwar herrschte noch die Eiszeit, wodurch das Niveau der Meere erheblich tiefer lag als heute, doch verblieben nach Schätzungen der Geologen immer noch rund 80 Kilometer, die es zu überwinden galt. Dazu eine Frage: Wie steuert man einen Baumstamm im Wasser?

Kommen wir gleich zum nächsten Punkt, der bis heute ungeklärt blieb. Der moderne Mensch existiert seit mindestens 50000 Jahren. Dazu gehört auch die Rasse der Cro-Magnon. Sie tauchte in Europa aber erst vor ungefähr 30000 Jahren auf. Mit Sicherheit kamen diese Menschen nicht aus dem Osten (darin ist sich die Fachwelt einig); dort lebte vorwiegend der Neandertaler. Hinzu kommt, daß die Siedlungsdichte der Cro-Magnon-Menschen an den Küsten West- und Südeuropas am größten war und zum Landesinneren hin abnahm. Der Weg der Besiedelung verläuft also eindeutig von West nach Ost.

Da nun diese Rasse nicht aus dem Osten kam, aber ebensowenig vom Himmel fiel, kann sie eigentlich nur noch über den Atlantik gekommen sein. Auf einem sich drehenden Baumstamm?

Man brauchte wahrhaftig keinen geistigen Klimmzug zu machen, um herauszufinden, daß ein zweiter Stamm die Drehung verhinderte. Hatte man das er-

Zwei von 15.000 Tontafeln mit Keilschrift (um 2400 v. Chr.), die in den königlichen Archiven im Palast G von Ebla gefunden wurden (6, 7)

Kopf eines Mannes aus einem Grab bei Gizeh, ebenfalls um 2400 v. Chr. (8)

Elamitischer Kriegswagen aus der Schlacht Assurbanipals gegen den König von Elam auf einem Steinrelief im Palast von Ninive (9)

Phönikisches Handelsschiff (10)

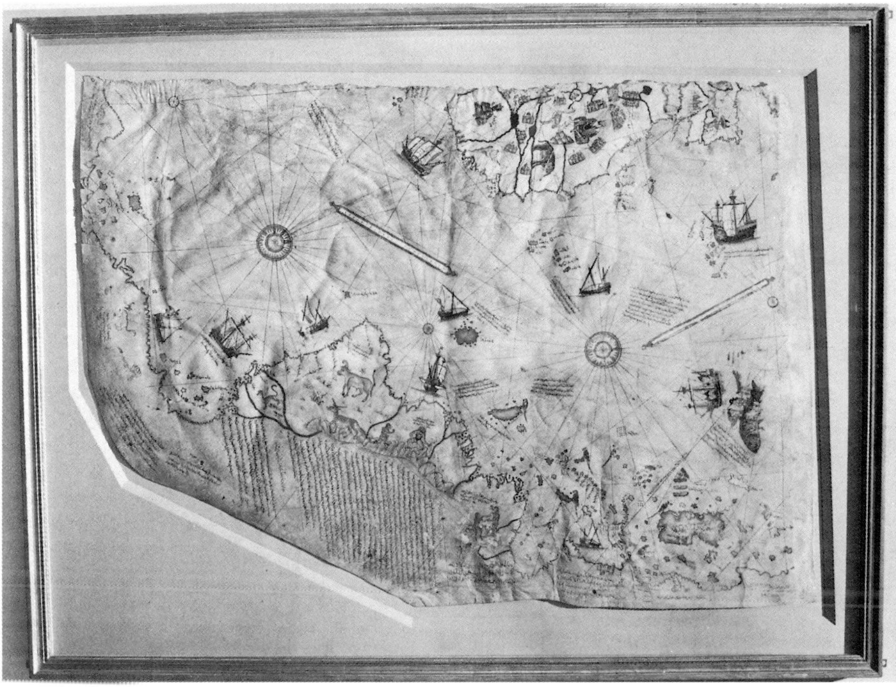

Die Weltkarte des Piri Reis (11)

Die Lehren des Schreibers Ani auf dem Papyrus Ebers (12)

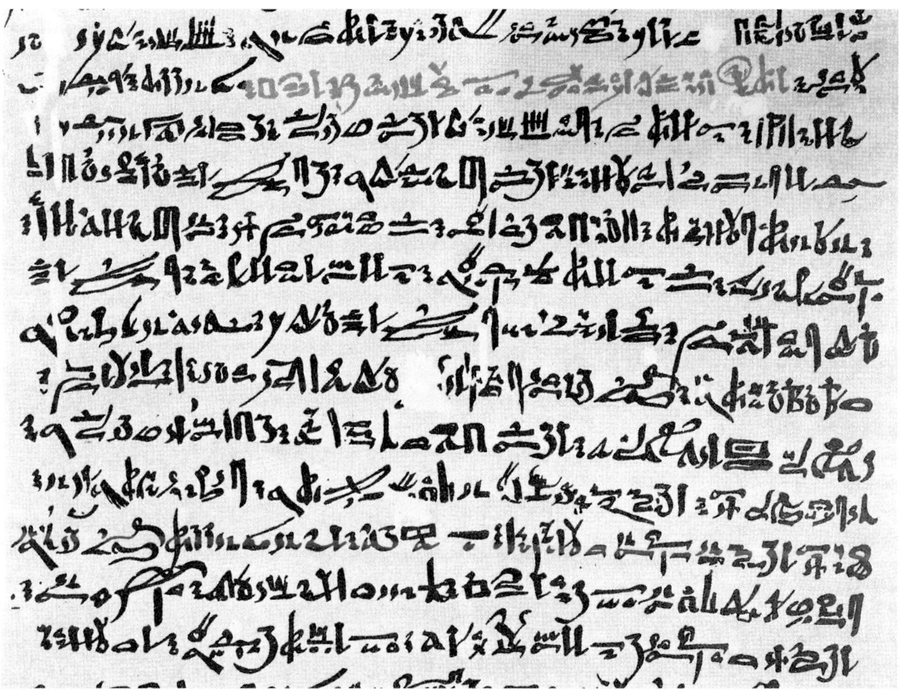

Kauri-Schnecken oder -Muscheln dienten nicht nur als Schmuck, sondern vor allem als Ausdruck der Wohlhabenheit und von ca. 1500 v. Chr. bis ins 19. Jahrhundert als Zahlungsmittel. (13)

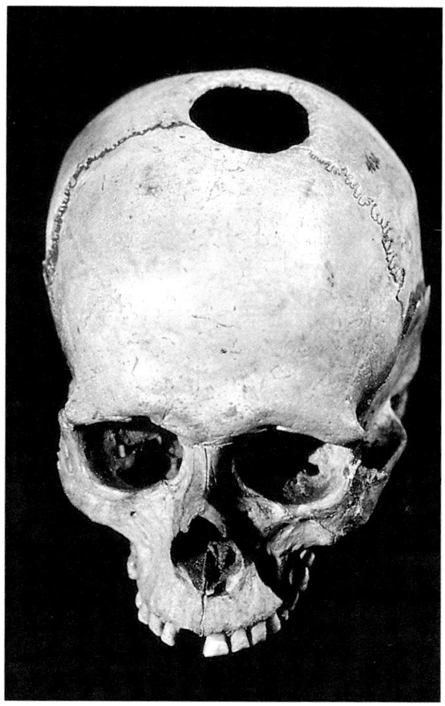

Trepanierter Schädel (14) aus dem Mesolithikum

kannt, dann war der nächste Schritt bereits programmiert. Mehrere Stämme nebeneinander, richtig verbunden, ergeben ein Floß. Das ist ein vollwertiges Wasserfahrzeug, und ein sicheres obendrein.
Wenn also schon damals Menschen in Gebieten lebten, die nur mit einem schwimmenden Untersatz zu erreichen waren, dann müssen sie wenigstens ein Floß gekannt haben.
Die Anfänge der Seefahrt liegen also in einer Epoche, die graueste Vergangenheit ist. Somit war es für fortgeschrittene Menschen kein Problem, eine Hochseeschiffahrt zu entwickeln, weil sie auf vorhandenen Erfahrungen aufbauen konnten. Und sie segelten dann auch mit Sicherheit um die Welt.
Die von dem Völkerkundler Adolf Bastian (1826–1905) formulierten und von dem Geologen Friedrich Ratzel (1844–1904) weiterentwickelten Gedanken, wonach der Mensch bei gleichen Gegebenheiten immer wieder das gleiche tun wird, finden hier ihre volle Bestätigung. Denn wir taten ja nichts anderes. Als die entsprechende Daseinsstufe erreicht war, begannen wir um die Welt zu segeln, um sie zu entdekken. Wäre das nicht so gewesen, fänden wir die Namen Kolumbus, James Cook, Magalhães (Magellan) in keinem Lexikon.
Der Drang nach neuen Erkenntnissen scheint im Menschen ebenso stark verankert zu sein wie der Zwang zur Nahrungsaufnahme. Die Erde (nicht die Natur) ist erforscht worden. Was machen wir nun? – Wir gehen in den Weltenraum!
Der Mensch hat sich aber in seiner Art und in seinem

Wesen seit Jahrzehntausenden nicht geändert. Also dürfen wir ohne Bedenken davon ausgehen, daß unsere Ahnen ebenso handelten.
Es gibt zahlreiche Bootsdarstellungen, doch sieht man den auf Felsbildern dargestellten Booten nicht an, ob sie tatsächlich über die offene See fuhren. Einige Abbildungen entstanden bereits um 7000 v. Chr.
Ein überzeugendes Indiz liefert uns das Schiff des Königs Cheops. Das ist derselbe Pharao, dessen Pyramide wir eingehend betrachtet haben. In einer mit Steinplatten abgedeckten Kammer fand man im Jahre 1954 am Fuß der Cheops-Pyramide die gut erhaltenen Zedernplanken eines Bootes. Als der Chefkustos für Archäologie in Ägypten, Ahmed Youssef Moustafa, unter vielen Mühen die Einzelteile nach 14 Jahren zusammengesetzt hatte, war ein Fahrzeug von 46 Metern Länge entstanden. Damit hatten die Experten Gelegenheit, das älteste Schiff der Welt genau unter die Lupe zu nehmen. Und sie entdeckten einiges.
Das Schiff besitzt nämlich alle Merkmale eines seetüchtigen Bootes. Paradox daran ist: Das Schiff war dennoch für Ozeanfahrten untauglich, das heißt, die Konstruktion entsprach zwar einem Hochseeschiff, die Ausführung war jedoch zu leicht, um den Naturgewalten auf dem Meer zu trotzen.
Das ist doch ganz natürlich, könnte jetzt eingewendet werden. Für ein Boot, das nur für Flußfahrten gedacht ist, genügt eben eine leichte Konstruktion. – Stimmt! Wenn aber ein Wasserfahrzeug nur auf dem Fluß eingesetzt wird, baut man es nicht mit allen Merkmalen für Ozeanfahrten. Es wäre dann völlig unsinnig, die tech-

nischen Details eines seegehenden Bootes zu verwenden. Wenn also die Ägypter das Cheops-Boot für Nilfahrten bauten, aber dennoch den Bug und das Heck in einem hohen Bogen nach oben zogen, dann hielten sie sich an Konstruktionen für Hochseeschiffe. Diese Bauweise wurde damals nur bei Hochseefahrzeugen (wie zum Beispiel später auch bei den Wikinger-Booten) angewendet, um zu vermeiden, daß Wellen ins Boot schlagen. Auf einem Fluß entstehen keine hohen Brecher. Auch das Segel war für Meeresfahrten angelegt. Thor Heyerdahl konnte bei seinen Ra-Fahrten feststellen, daß die Trapezform des Segels (sich nach unten verjüngend) nur bei Fahrten auf hoher See gefunden werden konnte. In jener Epoche befand sich das Deck der schmal gebauten Schiffe nur wenig über dem Wasserspiegel. Um eine große Fläche für den Wind zu bekommen, mußte das Segel so weit wie möglich nach unten gezogen werden. Ein unten breites Segel wäre jedoch binnen kurzer Zeit naß geworden. Nasse Segel sind aber enorm schwer. Dadurch wird die Stabilität des Wasserfahrzeuges gefährdet, und die Gefahr eines Mastbruches ist groß. Diese Details hätten die Schiffsbauer und Segelmacher beim Cheops-Boot nicht beachten müssen.

Und damit sind wir wieder an einen Punkt gelangt, bei dem sich die Geister scheiden. Die Fachwelt hält nämlich hartnäckig daran fest, daß es vor Kolumbus, von den Wikingern abgesehen, keine Ozeanfahrten gab. Schon gar nicht vor der Zeitenwende. Und zwar weder im Atlantik noch im Pazifik.

Dennoch hat sich im Gegensatz zur Auffassung der

Fachleute seit alters eine Ahnung von einem Land hinter dem unbekannten Gewässer erhalten. So zeichneten die Kartographen des Mittelalters unverdrossen eine Insel Antilhia (Antillen), die weit im westlichen Atlantik lag. Da aber die Neue Welt noch nicht entdeckt war, konnten sie von der Existenz der Antillen eigentlich keine Ahnung haben.
Nicht weniger merkwürdig ist die Tatsache, daß die alten Völker in ihren Überlieferungen eine Quelle erwähnen, die fern im Westen sprudelte. So kannten die Germanen einen ›Jungbrunnen‹, die Römer ein ›belebendes Wasser‹, und im Orient wußte man etwas von einem ›ewigen Wasser‹. Daß diese Quelle, welche Eigenschaften ihr auch immer zugeschrieben wurden, von allen in den Westen verlegt worden ist, dorthin, wo die Götter wohnten, ist wohl kaum ein Zufall. Überhaupt finden sich in den schriftlichen Zeugnissen zahlreiche Hinweise, daß schon vor Tausenden von Jahren Amerika bekannt war. Deshalb kann man auch nicht achtlos an diesen Überlieferungen vorübergehen. Schauen wir also hinein.
Im Pantheon von Ugarit (heute Ras Schamra, Syrien) nimmt der Gott ›El‹ die gleiche Stellung ein wie Zeus im griechischen Olymp. Und wie alle Götter hatte auch El einen tatkräftigen Sohn. Von ihm heißt es: »Kreta ist seine Residenz, Ägypten sein Erbteil.« Jam, so der Name des Sohnes, bedeutet ›das Meer‹. Er war also ein Fürst der Meere. Aber nicht nur das, er war auch die symbolisierte Gestalt der ›wunderbaren Zivilisationen jenseits des Meeres‹.
Nun ist aber im 2. Jahrtausend v. Chr. der mediterrane

Raum schon bekannt gewesen. Also müssen wir uns fragen, woher man die Kenntnis hatte, daß jenseits des großen Gewässers, womit ja dann nur der Atlantik gemeint sein kann, Menschen lebten, die ›wunderbare Zivilisationen‹ gegründet hatten.
Später wurde Jam vom ugaritischen Stadtgott Baal im Zweikampf getötet. Und das veranlaßte die Mythologen zu folgender Interpretation: Jam sei die Personifizierung der einfallenden Seevölker gewesen, die nach erbittertem Kampf von Baal besiegt wurden. Das heißt, der Vormarsch der Eindringlinge wurde gestoppt. Und das stimmt nicht.
Die Seevölker, so in ägyptischen Berichten genannt, waren vermutlich in Anatolien beheimatet. Sie wurden von Armeniern und Phrygern vertrieben und suchten nun ihrerseits einen neuen Lebensraum. Das scheint den Interpreten des Mythos von ›Baal und dem Fürsten des Meeres‹ nicht bekannt gewesen zu sein. Tatsache ist, die Seevölker zerstörten um 1200 v. Chr. Ugarit und marschierten weiter bis Ägypten, wo sie von Ramses III. (1193–1162 v. Chr.) um 1183 vor der Zeitrechnung zu Lande und zu Wasser vernichtend geschlagen wurden. Ein Teil der Seevölker, darunter die in der Bibel häufig erwähnten Philister, wurden nach ihrer Niederlage in Palästina seßhaft.
Die Deutung der Mythologen kann also nicht zutreffen. Es sei denn, die Historiker, Archäologen und so weiter haben sich geirrt.
Da man aber in Jam das Symbol der Zivilisationen jenseits des Meeres sah, dürfte es wahrscheinlicher sein, daß er ein Angehöriger dieser Kultur war und von dort

in die Alte Welt kam. In diesem Zusammenhang muß auch auf den ägyptischen Gott ›Chenti-Imentiu‹ hingewiesen werden. Er war, so heißt es in einer alten Schrift, der ›Erste der Westlichen‹, die im Lande des Nils ankamen. Dieser Gott wurde in der Stadt Abydos verehrt, in der eine uralte Königsnekropole stand, die vermutlich schon vor dem Alten Reich erbaut worden ist.

Der Westen spielte im Totenkult der Ägypter, wie überhaupt bei fast allen Völkern im Altertum, eine große Rolle. Man hat die Ursache dafür dahingehend gedeutet, daß die Sonne dort untergeht, was für die Alten der Anlaß war, in dieser Gegend den Aufenthaltsort der Verstorbenen zu vermuten.

Osiris, der zum Totengott der Ägypter wurde, hatte ebenfalls im Westen, in den ›Gefilden der Glückseligen‹, sein Reich. Es hieß Amenti und besaß eine Hauptstadt. Ihr Name war Sekhem. Das ägyptische ›Buch der Toten‹ enthält zahlreiche geographische Angaben zu diesem Land. Zwar können wir damit nichts anfangen, weil wir nicht wissen, wo Amenti lag, aber irgendwer muß das Land gut gekannt haben. Da heißt es im Kapitel CIX: »Dein mittlerer Teil liegt im Land von Kharu. Dein nördlicher Teil wird vom Ersa-Kanal begrenzt. In Wahrheit kenne ich sie, die Gefilde der Glückseligen.«

Und im Kapitel CXLIX lesen wir: »O Gefilde! Eure Mauern sind aus Eisen ... Im Süden befindet sich ein See, bevölkert mit den Vögeln Kharus. Im Norden liegt ein Kanal, den die Vögel Res umschwärmen.«

Zweifellos eine detaillierte Beschreibung. Und daß dieses Land hinter dem Atlantik, also im Westen, lag, können wir Kapitel XCII entnehmen: »Wenn mich mein Weg auf dem Schiff nach Osten führte, durch den gefährlichen Durchgang der beiden Hörner ...« Um nach Ägypten zu gelangen, mußte also ein Schiff benutzt werden. Und der Weg führte vom Ausgangspunkt nach Osten. Die Richtung, in der die Schiffe segelten, ist also ohne Schwierigkeiten zu erkennen. Unklar dagegen ist die Erwähnung der beiden Hörner. Doch erinnern wir uns daran, daß die ägyptischen Seeleute von ihrer Heimat aus nur in drei Richtungen segeln konnten, und zwar im Mittelmeer nach Norden und Westen und im Roten Meer nach Süden. Nirgendwo gibt es auf diesen Routen gefährliche Stellen, wo die Schiffsführer besonders auf der Hut sein mußten. Wer aber aus dem Osten kommend ins Mittelmeer einfahren will, muß die Meerenge zwischen Spanien und Afrika passieren. Somit kann mit den »beiden Hörnern« nur die Durchfahrt gemeint sein, die in der griechischen Sage zu den Säulen des Herakles wurde und die wir heute als Meerenge von Gibraltar kennen. Es ist schon recht eigenartig, wenn von einem in der Phantasie bestehenden Land solch detaillierte Beschreibungen gegeben werden. Die Wahrheit dürfte eher darin liegen, daß das Reich Amenti keine geistvolle Schöpfung war, sondern real existierte. Jedenfalls sollte es uns nachdenklich stimmen, wenn von den ›göttlichen Meistern des westlichen Horizonts‹ gesprochen wird, die in grauer Vorzeit Ägypten erreichten.

Es werden auch Diener des Horus erwähnt, die nach

und nach im Lande des Nils ankamen. Diese Lehrmeister, wie sie auch genannt werden, mußten ihre Heimat verlassen, weil Sekhem, vermutlich aber die gesamten Gefilde der Glückseligen, vernichtet wurde, und zwar in einer furchtbaren Nacht der Unwetter, des Feuers und der Überschwemmungen (Buch der Toten, Kapitel XVII).
Wenn plötzlich in Ägypten fremde, höherentwickelte Menschen auftauchten, die offenbar einer Naturkatastrophe entkommen waren, dann müßte sich etwas entdecken lassen in den Mythen der Völker, deren Heimat Westeuropa war; denn sicher hatte diese Kultur auch Entdeckungsfahrten nach Europa unternommen. Und tatsächlich finden sich im mythischen Epos von Irland Hinweise, die auf eine höhere Daseinsform hindeuten.
Eines Tages erschienen auf der Insel die ›Tuatha Dê Danann‹, die sich ›Kinder der Dan‹ nannten. Sie kamen von den Inseln des Westens. Da bisher nur um die Bahamas alte Bauwerke entdeckt wurden, liegt die Vermutung nahe, daß sie von dort kamen. Und sie brachten auch merkwürdige Dinge mit, so unter anderem das Schwert des Nuada und den Speer des Lug. Außerdem waren die Kinder der Dan große Zauberer.
Wer in jenen Epochen viel im Kopf hatte, der wurde als Magier verehrt und konnte hohe Positionen erreichen. Und da die Ankömmlinge auch noch Wunderwaffen besaßen, nahmen sie bald eine bedeutende Stellung ein. Aber sie blieb nicht unangefochten. Die Kinder der Dan mußten sich der Angriffe von Riesen erwehren, die ebenfalls auf der Insel wohnten. In zwei gro-

ßen Schlachten wurden die Widersacher der Dê Danann ins Meer getrieben. Aber auch die Kinder der Dan hatten infolge der Kämpfe ihre Macht eingebüßt. Sie verließen Irland und kehrten, wie es im Mythos heißt, ins Jenseits zurück. Sie segelten also wieder über den Atlantik in ihre Heimat.

Man könnte meinen, daß hier höherentwickelte Menschen den Versuch unternahmen, auf der Insel eine Kolonie zu gründen, was aber am Widerstand der Einheimischen scheiterte. Auf jeden Fall erfahren wir durch diesen Bericht, daß schon lange vor Kolumbus der Atlantische Ozean mit Wasserfahrzeugen überquert wurde.

In diesem Zusammenhang muß auch der Atlantis-Bericht von Plato (427–347 v. Chr.) erwähnt werden. Diese sagenhafte Insel soll ja ebenfalls, wie die Gefilde der Glückseligen, in einer schlimmen Nacht und einem Tag in den Fluten versunken sein. Aber die Erzählung des Griechen weist auch auf geographische Tatsachen hin, die heute noch bestätigt werden können.

Es ist bekannt, daß die berühmten Timaios- und Kritias-Dialoge sehr umstritten sind. Über sie wurde so oft geschrieben und diskutiert wie über die versunkene Kultur Atlantis. Der Mythologe S. Cassey Fredericks sagt in einem Artikel, daß die Dialoge nicht die Spur eines harten Kerns enthalten. Diese Behauptung ist unrichtig, wie wir noch sehen werden.

In dem Buch ›Atlantis – Rätsel, Mythos, Wirklichkeit?‹, in dem einige Gelehrte aus verschiedenen Disziplinen das Atlantis-Problem aus der Sicht ihrer Fachbereiche untersuchen, sagt der Herausgeber Edwin S. Ramage, Professor der Klassischen Philologie an der Indiana-Universität (USA), in seinem Beitrag, daß die geographischen Kenntnisse der Alten nicht annähernd so fundiert waren, wie das in der heutigen Zeit der Fall ist.

Die Meinung der beiden Professoren, Platos Geschichte enthalte keine Wahrheiten beziehungsweise keine geographischen Angaben, läßt sich mit dem Text des Griechen widerlegen. Da jedoch der Ursprung der Quellen, die Plato verwendete, undurchsichtig ist, kann seine Schilderung leicht angezweifelt werden. Man weiß heute, daß Solon, ein Weiser aus Athen, etwa um 600 v. Chr. in Ägypten weilte, wo ihm Priester aus Sais die Atlantis-Legende erzählten. Die Geschichte wurde von Solon nach Griechenland gebracht und einige Generationen lang in der Familie aufbewahrt, bis Plato sie veröffentlichte.

Was an dieser Darstellung immer wieder kritisiert wird, ist der Hinweis, daß auf Atlantis eine hochentwickelte Kultur blühte. Und diese Zivilisation soll 9000 Jahre vor Solon, also vor 11600 Jahren, in einer furchtbaren Naturkatastrophe untergegangen sein. Da aber die Insel eine gewaltige Landmasse gewesen sein soll, halten die Geologen es für unwahrscheinlich, daß sie in so kurzer Zeit unter der Wasseroberfläche verschwand.

Wir wollen nicht die Existenz dieser sagenhaften Insel beweisen, sondern lediglich untersuchen, was an dem Bericht des Griechen der Wirklichkeit entspricht. So läßt Plato den ägyptischen Priester im ›Kritias‹ sagen:

»Es lag vor der Mündung, die bei euch (Griechen) Säulen des Herakles heißt, eine Insel, die größer war als Asia und Libya (Afrika) zusammen, und von ihr aus konnte man damals nach den anderen Inseln hinüberfahren und von diesen Inseln auf das ganze gegenüberliegende Festland ...«

Hier hat Plato Angaben gemacht, die zweifelsfrei Tatsachen entsprechen, obwohl es heute keine große Insel im mittleren Atlantik gibt. Wir finden jedoch das »gegenüberliegende Festland«. Nach Professor Ramage hatte Plato nicht einmal eine Ahnung davon gehabt. Darin stimmen wir sogar mit ihm überein. Plato wußte sicher nichts von Amerika. Deshalb ist ja die Erwähnung eines Festlandes hinter den Inseln so bemerkenswert. Man mag zu dieser Erzählung des Griechen stehen, wie man will – eines bleibt darin eine unbestreitbare Tatsache: Von Atlantis aus erreichte man die ›anderen Inseln‹. Das sind die Bahamas und die Antillen. Und von diesen Inseln gelangte man (auch heute noch) auf das ›ganze gegenüberliegende Festland‹. Das ist Nord-, Mittel- und Südamerika.
Wie kann man aber davon wissen, ohne je seinen Fuß auf dieses Land gesetzt zu haben? Irgendwer muß also, lange vor Solon, von der Neuen Welt gewußt haben. Sollte, was vielfach angenommen wird, der Atlantis-Bericht von Plato nur erfunden sein, dann müssen wir uns erst recht fragen, wie er zu den absolut richtigen Angaben kam. Zu irgendeiner Zeit muß der ägyptische Priester von Amerika gehört haben. Und derjenige, der das Wissen vermittelte, kannte die geographi-

schen Gegebenheiten, wenn wir an die Gefilde der Glückseligen denken. Wenn diese Überlieferung wirklich aus Ägypten kommt, woran nicht gezweifelt wird, dann lebten vor rund 12000 Jahren Menschen, denen die Alte und die Neue Welt bekannt waren.
Von dieser Epoche können wir auch ausgehen, denn die Zeitangabe von 9000 Jahren wird von den einschlägigen Wissenschaftlern akzeptiert. Ja, es wird sogar von seiten der Fachleute widersprochen, wenn behauptet wird, Plato habe eine Null zuviel geschrieben. Diese Auffassung vertritt unter anderem Immanuel Velikovsky in ›Welten in Zusammenstoß‹.
Das sind aber bei weitem nicht die einzigen Hinweise auf ein Land jenseits des Atlantischen Ozeans. Etwa 200 Jahre vor Plato sagte Jeremia, einer der großen biblischen Propheten:

> »Allen Königen zu Tyrus, allen Königen zu Sidon, den Königen auf den Inseln jenseits des Meeres« (25; 22).

Tyrus und Sidon waren zu Jeremias Zeiten bekannte Städte, und er nennt sie auch mit Namen. Aber von welchen Inseln »jenseits des Meeres« sprach der Prophet?
Der griechische Schriftsteller Pausanias verfaßte im 2. Jahrhundert nach der Zeitenwende ein Reisehandbuch (Perihegesis tes Hellados), in dem er in der Hauptsache die ehemalige Größe von Griechenland beschreibt. Dabei behandelte er geschichtliche, geographische sowie mythische Themen. In seinen geogra-

phischen Aufzeichnungen ist eine Bemerkung sehr interessant. Dort erwähnt er Inseln, die weit im westlichen Ozean liegen. Was jedoch vor allem unsere Neugier wecken muß, ist der Hinweis, daß auf diesen Inseln Menschen mit roter Hautfarbe leben. Da Pausanias mit Bestimmtheit die Inseln nie gesehen hat, muß ihm altes Quellenmaterial zur Verfügung gestanden haben. Sicher ist auch, daß er die Angabe nicht erfunden hat, denn die Vorstellung, daß es rote Menschen geben könne, war damals einfach absurd.

Als die Spanier das Azteken- und Inkareich eroberten und dabei feststellten, daß die Menschen eine rötliche Hautfarbe besaßen, solche Wesen sich aber in der Bibel nicht nachweisen ließen, beschloß der Klerus kurzerhand, die Eingeborenen könnten unmöglich Menschen sein. Das mag für unsere Ohren etwas seltsam klingen, ist aber eine Tatsache. Es wird hier auch nur erwähnt, um deutlich zu machen, daß der Bericht des Griechen nicht aus der Luft gegriffen ist.

In diesem Zusammenhang wird eine ägyptische Inschrift vom Ende des 3. Jahrtausends vor der Zeitrechnung interessant. Darin befahl Pharao Mentuhotep IV. seinem Schatzmeister Henu, nach Punt zu fahren und vom Prinzen des ›roten Landes‹ Weihrauch und andere Kostbarkeiten zu holen. Fuhren die Ägypter vielleicht nach Amerika?

Dieses sagenhafte Punt ist noch nicht gefunden worden. Es gibt aber Vermutungen. Nach Ansicht einiger Experten ist Punt in Somalia zu suchen, offenbar deshalb, weil das alte Weihrauchland am Golf von Aden lag. Es befand sich allerdings nicht auf dem afrikani-

schen Kontinent, sondern auf der arabischen Halbinsel im heutigen Hadramaut.
Die Sabäer, die dort zu Hause waren, hatten das Monopol des Weihrauchhandels und wachten eifersüchtig darüber. In ihrem Reich begann auch die älteste Handelsstraße der Welt – die Weihrauchstraße. Nach rund 80 Tagen erreichten die Eselskarawanen, ab etwa 1200 v. Chr. waren es dann Kamele, Gaza in Israel. Von dort hätten die Ägypter ihren Bedarf an Weihrauch decken können. Aber der Weihrauch war sündhaft teuer. Es muß wohl für sie billiger gewesen sein, eigene Schiffe auszurüsten. Doch dann segelten sie bestimmt nicht nach Saba.
Einer anderen Version zufolge soll Punt am Unterlauf des Sambesi gelegen haben. Und hierfür gibt es sogar Indizien. In einer Schminkdose, die man einer Hofdame um 2300 v. Chr. ins Grab gelegt hatte, befand sich noch ein Rest Rouge. Und darin entdeckten Wissenschaftler Spuren von Antimon. Die Antimonlager in Persien und Kleinasien sowie die in Nord- und Westafrika wurden erst viel später entdeckt. Um 2300 v. Chr. aber waren die Vorkommen in Südrhodesien (heute Sambia) und Transvaal (Südafrika) schon bekannt. Etwa 500 Kilometer landeinwärts, im Maschona-Land, gab es auch reichlich Gold.
Aus Punt wurde ja nicht nur Weihrauch geholt, sondern ebenso Unmengen an Gold, Edelsteinen und nicht zuletzt auch Antimon. Ein großer Teil der Fachleute nimmt heute an, daß Punt am Unterlauf des Sambesi lag. Wenn dem so war, dann gerieten die Ägypter bei der Rückreise in Schwierigkeiten, die sie mit ihren

damaligen Wasserfahrzeugen nicht bewältigen konnten.
Im Tempel der Hatschepsut zu Dêr el-Bahari ist eine Puntfahrt in Bildern festgehalten und mit Texten ergänzt worden. Demzufolge schickte die Königin um 1493 v. Chr. fünf Schiffe dorthin. Die Boote waren etwa 30 Meter lang; auf jeder Seite saßen 15 Rudermänner.
Leider ist nirgendwo angegeben, wie schnell die Schiffe waren. Aber wir können Vergleiche anstellen. In der Seeschlacht von Ägospotamoi, die den peloponnesischen Krieg 405 v. Chr. entschied, wurde die Nachricht von der Niederlage von einer Triere nach Athen gebracht. (Eine Triere – Dreiruderer – war ein Kriegsschiff mit drei Ruderreihen übereinander.) Die Geschwindigkeit betrug bei dieser Fahrt fünf Knoten. Das war damals ungewöhnlich schnell. Es wurde errechnet, daß eine Triere in der Regel kaum mehr als drei Knoten machte (1 Knoten = 1 Seemeile pro Stunde; 1 Seemeile = 1852 Meter).
Die Puntfahrten der Ägypter wurden stets von einer größeren Anzahl Soldaten begleitet. Als Mentuhotep IV. seinen Schatzmeister Henu nach Punt beorderte, hatte dieser alles in allem 3000 Leute bei sich. Auf der Rückreise waren die Schiffe noch bis obenhin mit Waren beladen, so daß die Fahrgeschwindigkeit rapide sank. Die Boote der Ägypter waren Einruderer. Sie werden daher, voll beladen, kaum mehr als einen Knoten geschafft haben.
Herodot berichtet, daß, wenn kein kräftiger Wind wehte, die Schiffe auf dem träge dahinfließenden Nil vom Land aus stromaufwärts gezogen wurden. Ohne

Windunterstützung kamen die Boote also den Fluß nicht hinauf.
In der Straße von Mosambik herrschen aber ganz andere Verhältnisse. Bis dorthin mußten die Ägypter jedoch segeln, um die Mündung des Sambesi zu erreichen. Bei der Rückkehr ergaben sich dann die Probleme. Der Süd-Äquatorialstrom prallt gegen die Landmasse der Insel Madagaskar und teilt sich dabei. Die nach Nordwesten verlaufende Strömung trifft nun auf das afrikanische Festland und teilt sich abermals. Der rechte Arm kehrt als Äquatorial-Gegenstrom nach Osten zurück, während der linke Arm nach Süden gelenkt wird. Die jetzt auftretende Strömung kann bis auf 40 Seemeilen in 24 Stunden anwachsen, das heißt, in diesem Zeitraum legt das Wasser 74 Kilometer zurück. Das sind drei Kilometer in der Stunde. Die Ägypter schafften dadurch bestenfalls knapp zwei Kilometer in der Stunde. Das bedeutet: Sie konnten wegen der Strömung in 24 Stunden nur etwa 50 Kilometer nach Norden zurücklegen.
Wie stand es mit der Windunterstützung? In den Wintermonaten weht eine beständige Brise von Norden her, also gegen die Fahrtrichtung. Der günstigste Zeitpunkt für die Rückkehr war der Juli. Zu der Zeit wehen die Winde in Richtung Norden. Aber – sie sind schwach und heben die Gewalt der Strömung nicht auf. Erst in Höhe von Daressalam (Tansania) werden sie mäßig stärker. Zudem traten die Ägypter dann in der Regenzeit die Heimreise an. Das bedeutete schlechte Sicht und nasse Segel, die man zum Teil oder ganz reffen mußte, damit der Mast nicht brach. Nasse

Segel sind, wie schon erwähnt, ungeheuer schwer und jedem Seemann ein Greuel.
Fazit: Die Ägypter konnten auf derselben Route nicht zurückkehren. Damit blieb nur noch ein Weg, nämlich der um Afrika herum. So unglaublich das auch klingen mag, es gibt dafür ein Indiz.
Madagaskar liegt nur rund 390 Kilometer vor dem afrikanischen Festland. Aber die ersten Siedler kamen nicht von dorther, sondern von dem einige tausend Kilometer entfernten Indonesien. Für Schiffe damaliger Bauart war es wohl möglich, über die Ozeane zu segeln, aber sie konnten sich nicht gegen die Meeresströmungen behaupten. Das mußten auch die Spanier erfahren. Mit ihren Schiffen fuhren sie zwar von Südamerika aus in die Südsee, doch zurück kamen sie nicht mehr, weil die Meeresströmungen das verhinderten.
Auch in unseren Tagen ist immer wieder versucht worden, von den Inseln der Südsee oder von Asien aus Südamerika zu erreichen. Der letzte Versuch, mit einer nachgebauten Dschunke den Pazifik in Richtung Osten zu überqueren, scheiterte 1975.
Der Weg zurück führt zunächst in Richtung Aleuten und dann zur Westküste von Nordamerika. Danach, immer an der Küste entlang, erreichen die Schiffe Südamerika. Aber die Route war damals noch nicht bekannt.
Wir sehen also, nicht allein die Monsune entscheiden die Richtung auf den Meeren, sondern auch maßgeblich die Meeresströmungen. Jedenfalls für Schiffe damaliger Bauart.

Die Ägypter hatten demnach gar keine andere Wahl. So tief in den Süden vorgedrungen, konnten sie bei ihrer Heimreise nur nach Süden segeln.
Wieviel Zeit verging dabei? Wir wissen von Herodot, daß um 600 v. Chr. eine Flotte mit Seeleuten aus Phönizien im Auftrage des Pharao Necho II. Afrika umsegelte. Dazu brauchten sie drei Jahre. Diese Zeit reicht bei weitem, auch Amerika anzusteuern und wieder zurückzukehren.
Wenn das geheimnisvolle Punt noch nicht entdeckt worden ist, liegt es möglicherweise daran, daß es sich nicht in der Alten, sondern in der Neuen Welt befand. Dort hat man nämlich bislang nicht danach gesucht.
Wenn wir nun alle bisher besprochenen Quellen, die auf ein Land jenseits des Atlantiks hinweisen, nicht als reine Phantasieprodukte der Schreiber in den Papierkorb werfen wollen, dann muß es lange vor der Zeitenwende Menschen gegeben haben, denen die Existenz Amerikas bekannt gewesen ist. Und daß es tatsächlich so war, zeigen die nächsten Teile in unserem aus Mosaiksteinen zusammengesetzten Bild.
Solche Fernreisen, wie die Ägypter sie unternahmen, verraten nämlich mehr, oder besser: verschweigen vieles. Denn es genügt ja nicht, festzustellen, daß irgendwelche Seefahrer von A nach B segelten. Sie mußten auch wissen, daß es in B etwas zu holen gab. Woher wußten die Ägypter eigentlich, daß nach einer Seefahrt von rund 8000 Kilometern, wenn Punt im Süden von Afrika lag, all die Dinge zu finden waren, die sie gern besitzen wollten? Wir haben Kenntnis davon, daß die ersten Puntfahrten unter Pharao Sahurê bereits um

3000 v. Chr. durchgeführt wurden, in einer Zeit also, in der Ägypten gerade zur Hochkultur aufgestiegen war. Das gleiche gilt natürlich auch für die Inder, die ihr Teakholz in den Jemen lieferten.
Wie hatten die Handelspartner voneinander erfahren? Woher wußten die Seeleute, welche Richtung sie einzuhalten hatten? Welcher Stern oder welches Sternbild war ihr Wegweiser des Nachts? Diese Kenntnisse erwirbt man nicht von einem Tag auf den anderen.
Daß aber nicht nur die Inder tüchtige Seeleute waren, lassen zahlreiche Artefakte und Inschriften in der Neuen Welt erkennen.
Die Phönizier, im heutigen Israel und Libanon beheimatet, waren um 1500 v. Chr. zur führenden Seehandelsmacht aufgestiegen. Und sie gründeten, kaum daß sie gelernt hatten, die Segel zu setzen, mehrere Niederlassungen an der spanischen und marokkanischen Atlantikküste. Das wurde mit dem Englandhandel erklärt, womit auch zugegeben wird, daß die Phönizier in den Atlantik segelten. Aber dazu hätte Gadir (heute Cádiz) im Südwesten von Spanien vollkommen genügt. Weshalb wurden dann noch Siedlungen an der Küste von Marokko gebaut? Um von den Kanarischen Inseln den Farbstoff für ihren berühmten Purpur zu holen? Auch dafür hätte eine Kolonie gereicht. Sie hatten bestimmt weiter gehende Interessen. Dafür gibt es sogar Beweise. Auf der nur 18 Quadratkilometer großen Insel Corvo wurde 1750 ein Krug entdeckt, der eine Vielzahl karthagischer Münzen enthielt. (Karthago war eine auf dem afrikanischen Kontinent um 814 v. Chr. gegründete Niederlassung der Phönizier im

westlichen Mittelmeerraum). Diese Münzen waren mit Sicherheit im 4. Jahrhundert vor der Zeitrechnung geprägt worden.

Einem modernen Lexikon zufolge sind die Azoren, zu denen Corvo gehört, zwar erst im Jahre 1432 von den Portugiesen entdeckt worden, aber nun erfahren wir, daß sie mindestens 1800 Jahre früher bekannt waren.

Corvo muß bewußt angesteuert worden sein. Das beweisen uns die Meeresströmungen, die, von Westen kommend, um die Azoren herum wieder nach Westen verlaufen. Das heißt also, der Krug mit den Münzen kann nicht als Treibgut von Spanien oder Afrika aus auf die Insel gelangt sein. Zudem wurde er in einer alten Ruine gefunden, wo er sich wohl kaum selber versteckte.

Diese kleine Insel bietet eigentlich nichts, was in Seeleuten den Wunsch wecken könnte, mit ihren Schiffen dort immer wieder anzulaufen. Aber die Azoren sind eine Inselgruppe mit einer Gesamtfläche von 2314 Quadratkilometern, und ihre Lage vor dem europäischen Festland hat für die Schiffahrt einen hohen strategischen Wert. Auch heute gibt es dort unter anderem einen Flottenstützpunkt.

Wer immer die Azoren entdeckte, der erkannte auch die Bedeutung der Inselgruppe für das weitere Vordringen in den Atlantik. Die Inseln bieten sich nämlich geradezu als Sprungbrett an. Sie liegen etwa 1800 Kilometer in westlicher Richtung im mittleren Atlantik vor Portugal. Hatte man sie erreicht, war schon ein Drittel des gesamten Weges zur Neuen Welt zurückgelegt. Den Artefakten nach zu schließen, wurde der Atlanti-

sche Ozean regelmäßig überquert. So entdeckte man zum Beispiel Geldstücke in Tennessee (USA), die aus Kanaan stammten. (Das war die Region im östlichen Mittelmeer, von der aus die Phönizier ihre Unternehmungen starteten.)
Der weithin bekannte amerikanische Taucher Robert Marx fand unweit der Mauer von Bimini ebenfalls ein phönizisches Geldstück aus dem 5. Jahrhundert vor der Zeitenwende. Dann wieder entdeckte man einen phönizischen Bronzedolch in Marimarckport in Massachusetts (USA). Und zur Überraschung der Fachleute entdeckte man an der Küste von Venezuela römische Geldstücke aus dem 2. Jahrhundert vor der Zeitrechnung. Und etwa 200 Jahre älter war eine Vase, die in Panama gefunden wurde. Sie enthielt ebenfalls römische Münzen.
Eine weitere Entdeckung bei Davenport im Staate Iowa (ebenfalls USA) ist nicht weniger interessant. Dort wurde schon 1874 eine Stele gefunden, die drei verschiedene Inschriften enthielt, und zwar ägyptische Hieroglyphen, karthagische und libysche Schriftzeichen. Mit Hilfe der Artefakte, die bei der Säule noch gefunden wurden, datierte man das Alter der Stele auf 800 v. Chr. Berry Fell, Professor an der Harvard-Universität, und andere Forscher nehmen daher an, daß hier eine Siedlung existierte, in der Ägypter, Karthager und Libyer gemeinsam lebten. Offenbar war das Geheimnis **Neue Welt** gar nicht so geheim. Aber etwa 900 Jahre später schrieb der römische Historiker Tacitus (55–120 n. Chr.), der Atlantische Ozean sei ein unbekanntes Gewässer.

Die von Professor Fell entzifferte Stele bei Davenport wird von weiteren Inschriften ergänzt, die in New Hampshire und Vermont (USA) entdeckt wurden. Fell hat sie als phönizisch erkannt und entschlüsselt. Er datierte die Schriftzeichen auf 800 bis 300 v. Chr., das heißt, auf diesen Stelen wurden fortlaufend neue Zeichen hinzugefügt.

Die zuletzt genannte Datierung deckt sich mit Ereignissen in Europa, die große Umwälzungen einleiteten. Der Erste Punische Krieg begann nämlich 264 Jahre vor der Zeitenwende, und der letzte, der Dritte, in dem die Karthager oder Punier, wie sie auch genannt wurden, von den Römern vernichtend geschlagen wurden, endete 146 v. Chr. Folglich konnten die Karthager ab 300 v. Chr. keine neuen Zeichen hinzufügen. Mit anderen Worten: Die Zeit der Phönizier in Amerika war 300 Jahre vor der Zeitenwende vorbei. Und da sie vermutlich die letzten waren, die über den großen Teich segelten, ging das Wissen um Amerika verloren.

Es muß sonderbar anmuten, wenn ein ganzer Kontinent einfach vergessen wird. Aber dazu ein anderes Beispiel.

Seit Ende der sechziger Jahre unseres Jahrhunderts werden auf Santorin (griechisch Thera) Grabungsarbeiten durchgeführt. Dort lebten um 1500 v. Chr. Menschen, die in komfortablen Häusern wohnten und überhaupt einen hohen Standard erreicht hatten. Die freigelegten Wandfresken zeigen unter anderem ein- und auslaufende Schiffe. Als der Vulkan der Insel um 1500 v. Chr. in einer kaum vorstellbaren Eruption die ganze Insel mit gewaltigen Lavamassen zudeckte (die

Lavaschicht beträgt teilweise 70 Meter) und alles Leben zerstörte, wußte bald niemand mehr, daß dort Menschen gelebt hatten. Nicht einmal in einer Legende wurden sie erwähnt. Nur purer Zufall brachte den Ableger des kretisch-mykenischen Kulturkreises wieder ans Tageslicht.

Soviel über die seltsame Begabung des Menschen, nicht nur seinen Regenschirm im Bus, sondern auch Völker und Kontinente zu vergessen. Deshalb wohl bildete sich auch die Meinung, daß eine bisher nicht gefundene Sache auch nicht existiert haben kann. Nun sind aber schon einige Santorins, wenn auch nicht immer unter Lavamassen, entdeckt worden. Und langsam beginnt bei den Archäologen, zumindest bei den jüngeren, ein Sinneswandel einzutreten. Dinge, die bislang nicht gefunden wurden, können sehr wohl einmal existent gewesen sein.

Die Meinungsänderung zeigt sich unter anderem darin, daß ernsthafte Wissenschaftler jetzt darüber nachdenken, ob die kulturelle Wanderung wirklich von Ost nach West verlief, was lange als Dogma galt, oder ob es nicht eher umgekehrt war.

Doch bis jetzt gilt immer noch die Auffassung, daß die Alten von einem Kontinent jenseits des Atlantik nichts wissen konnten, also gab es natürlich auch keine Ozeanfahrten. Die Fakten aber, die sich inzwischen angesammelt haben, sprechen eine andere Sprache. Sie zeigen deutlich, daß hier nicht mehr nach dem Motto vorgegangen werden kann: Was wir nicht kennen, kannten unsere Ahnen auch nicht. Dazu liefert uns die Kultur La Venta ein Indiz.

Die Olmeken waren nicht nur Experten der Kleinkunst und Meister im Herstellen überdimensionierter Plastiken; sie gaben der Wissenschaft noch andere Rätsel auf.
Der bereits erwähnte Miguel Civarrubias entdeckte nicht nur die Riesenhäupter, die, wir erinnern uns sicher noch, durch Sumpfgebiete transportiert wurden, sondern er fand auch Objekte aus smaragdgrünem Jade, den es dort aber nicht geben durfte. Jedenfalls nicht zu der Zeit, als die Kultur La Venta in voller Blüte stand. Und das war, wie wir hörten, um 1000 v. Chr. Diese Art Jade wurde nämlich bisher nur in Birma (englisch Burma) gefunden. Das haben spätere Untersuchungen zweifelsfrei ergeben. Birma ist eine indische Republik am Golf von Bengalen. Wen es interessiert und wer auf der Weltkarte nachsehen möchte: der Staat grenzt unter anderem an Thailand, Laos und China. Und wer die Karte schon aufgeschlagen hat, der suche auch Mittelamerika und denke dann einmal darüber nach, wie dieser smaragdgrüne Jade tausend Jahre vor der Zeitrechnung um die halbe Erdkugel kam.
Der Atlantik ist also sehr früh überquert worden, doch wartet dieses offensichtliche Faktum noch auf eine Anerkennung. Dessenungeachtet wurde der 12. Oktober in den Vereinigten Staaten zum Nationalfeiertag erhoben, denn an dem Tag feiern die Menschen dort (vornehmlich die italienischer Abstammung) den ›Columbus Day‹ – die Entdeckung Amerikas durch Kolumbus im Jahre 1492. Tatsache aber ist, daß der Admiral Nordamerika nie gesehen hat. Seine ersten beiden

Fahrten führten ihn nur bis zu den Inseln, die Mittelamerika vorgelagert sind. Erst bei seiner dritten Fahrt (1498) landete er vor dem südamerikanischen Festland. Aber da war ihm ein anderer schon zuvorgekommen: Amerigo Vespucci (1451–1512). Er hatte Südamerika bereits ein Jahr zuvor erreicht. Nach seinem Namen wurde später der gesamte Kontinent benannt. Die Bezeichnung Indios (Indianer) stammt dagegen von Kolumbus (um 1451–1506), der glaubte, den Seeweg nach Indien entdeckt zu haben. Während es bei Kolumbus durchaus nicht sicher ist, daß er Italiener war, weiß man es dafür um so genauer von einem anderen Mann, der 1497 tatsächlich den nordamerikanischen Kontinent erreichte. Es war John Cabot, der in Wirklichkeit Giovanni Caboto hieß. Als Italiener in englischen Diensten stehend, hatte er seinen Namen der englischen Sprache angepaßt. Kolumbus entdeckte also lediglich die Inseln vor Mittelamerika.
Doch vor diesen Seefahrern hatten schon andere Männer Amerika erreicht. Nach der Saga von ›Erik dem Roten‹ war ein gewisser Bjarni Herjulfsson über den Atlantik gesegelt, hatte aber offenbar das Land nicht betreten. Leif Eriksson (auch Eriksen) glaubte, was Herjulfsson erzählte, und machte sich mit 35 Männern auf den Weg. Im Jahre 1001 n. Chr. betraten er und seine Begleiter amerikanischen Boden. Dreimal unterbrachen sie ihre Fahrt. Beim dritten Mal taufte Leif das Land ›Vinland‹, Weinland.
Heute sind sich die Forscher weitgehend darin einig, daß der von Eriksson getaufte Landstrich ›Vinland‹ fälschlich mit Weinland übersetzt wurde. Wilder Wein

wächst erst in Höhe von Massachusetts, und so weit südlich sind die Wikinger nach Auffassung der Experten sicherlich nicht gekommen. Der Norweger Helge Ingstad konnte nachweisen, daß die Vorsilbe ›Vin‹ ein fruchtbares Land – ein ›Land der Wiesen und Weiden‹ – bezeichnet, und nicht Wein. Ihm war aufgefallen, daß zahlreiche Orte in Norwegen und Dänemark, die in einer fruchtbaren Gegend liegen, mit der Vorsilbe ›Vin‹ beginnen, obwohl dort nie Wein gewachsen ist. Mit der Entdeckung einer Wikingersiedlung an der Nordspitze von Neufundland im Jahre 1964 hat er mit hoher Wahrscheinlichkeit das ›Vinland‹ des Leif Eriksson gefunden. Nahe des kleinen Fischerdorfes mit dem halb französischen und halb englischen Namen ›L'Anse aux Meadows‹ wurde er fündig. Dieser eigenartige Name bedeutet: Die Bucht bei den Wiesen.
Offenbar hatten aber schon vor den Wikingern Menschen aus der Alten Welt den Kontinent jenseits des Atlantiks entdeckt. Die ›Geschichte von Sankt Brendans Meerfahrt‹ enthält nämlich Einzelheiten, die im damaligen Europa mit Sicherheit unbekannt waren. Der heilige Sankt Brendan hatte seine Absicht bekundet, das Paradies zu suchen. Im 6. Jahrhundert fuhr er in Begleitung einiger Mönche mit einem Boot in Richtung Westen. Sieben Jahre dauerte die Reise. Folglich müssen die Männer oft an Land gewesen sein. In der Geschichte werden unter anderem seltsame Tiere erwähnt, nach deren Beschreibung die Forscher zweifelsfrei Walrosse erkannten. Brendan scheint also bis in den hohen Norden Kanadas gekommen zu sein. Damit wird eine Stelle in der Saga interessant, die von

zwei gefangenen Indianerjungen berichtet. Die Knaben erzählten, daß nicht weit von ihrem Stammesgebiet weißhäutige Männer lebten. Manchmal trugen sie lange Stangen und schrien dabei (es dürfte sich hier wohl um eine Prozession gehandelt haben, bei der laut gesungen wurde). Hatten die irischen Mönche in der Neuen Welt später eine kleine Kolonie gegründet? Wie dem auch sei, wir ersehen daraus, daß Amerika mehrmals entdeckt worden ist.

Dem Buch ›Der erste Amerikaner‹ von C. W. Ceram können wir einen weiteren Hinweis entnehmen. Ceram berichtet von zwei Wissenschaftlern, Thomas Maston und Alexander O. Vietor, die zufällig an ein kleines Büchlein gerieten, das auch eine Weltkarte zum Inhalt hatte. Diese Vinland-Karte wurde acht Jahre lang von Fachleuten geprüft und das Ergebnis 1965 veröffentlicht. Demnach ist sicher, daß die Karte echt und um 1440 entstanden ist. Also rund 50 Jahre vor Kolumbus' erster Fahrt über den Atlantik. Besonders zu erwähnen sind zwei Bemerkungen in dieser Veröffentlichung: Das Kartenwerk wurde offensichtlich von älteren Vorlagen kopiert, und es werden alle Teile beider Amerikas gezeigt.

Aber das ist nicht die einzige Karte gewesen, die den Kontinent jenseits des Atlantiks zeigt. Nur wenige Jahre später (1448) zeichnete der Benediktinermönch Andreas Walsperger eine Weltkarte, die Teile von Nord- und Südamerika wiedergibt. Es existierten demnach mehrere Kartenwerke, aus denen ersichtlich war, daß Amerika vor Kolumbus bekannt gewesen ist. Obwohl die Vinland-Karte wie auch die Karte des

Bruders Walsperger verblüffende Funde sind, bleiben sie dennoch weit hinter der folgenden Entdeckung zurück.

Seit dem internationalen Forschungsunternehmen, dem Geophysikalischen Jahr vom Juli 1957 bis Dezember 1958, wissen wir es nun ganz genau: Die Antarktis ist eine Landmasse, die seit mindestens 7000 Jahren unter einer bis zu 5000 Meter dicken Eisschicht liegt.

Als Amundsen 1911 als erster Mensch der Neuzeit den geographischen Südpol erreichte, hatte er sicher keine Ahnung davon, daß andere schon vor ihm da gewesen sind. Es existieren nämlich zwei Kartenwerke, die Piri-Reis-Karte (1929 in Istanbul entdeckt) und die Philippe-Buache-Karte aus dem Jahre 1737. Beide zeigen ebenfalls die Antarktis, aber – ohne Eis! Die gefundenen Stücke sind mit Sicherheit einige Jahrhunderte alt und Kopien von Kopien, die wiederum nur Kopien waren. Sie lassen aber das erkennen, was wir erst seit kurzem wissen: den genauen Verlauf der Landmasse. Daraus ergibt sich die Folgerung, daß der Südpol einmal eisfrei war.

Nach Professor Louis Suballs ›Die Neuentdeckung der Erde‹ und nach seiner Erdkreiseltheorie herrschte in der Antarktis vor langer Zeit ein tropisches Klima. Das bedeutet, die Erdachse veränderte irgendwann einmal ihre Lage. Damit haben wir einen weiteren Hinweis auf eine gewaltige Naturkatastrophe.

Was uns die Karten verraten, ist jedoch mehr, als nur eine vom Eis befreite Landmasse zu zeigen. Irgendwer muß ja spätestens vor 7000 Jahren den heutigen Südpol ohne Eis gesehen haben, sonst hätte er den Verlauf der

Landmasse kartographisch nicht festhalten können. Es müssen also Menschen dort gewesen sein. Und das ist ja wohl nur mit einem Wasserfahrzeug möglich. Wir können also festhalten: Vor 7000 Jahren, als noch keine der uns bekannten Hochkulturen existierte, kreuzten Boote auf den Meeren. Denn sicher gab es nicht nur den einen Segler, der da am Südpol auftauchte.

Rätselhaft sind aber auch die Karten selbst. Derjenige, der sie anfertigte, muß ein ausgezeichneter Kartograph gewesen sein. Er besaß hervorragende Kenntnisse in der sphärischen Trigonometrie, und ihm müssen sehr gute geodätische Instrumente zur Verfügung gestanden haben. Anders ist die hohe Genauigkeit der Karten nicht zu erklären. Das bedeutet: In dieser Epoche lebten Menschen, die bereits eine hohe Daseinsstufe erreicht hatten.

Ob nun diese Folgerungen anerkannt werden oder nicht, eines bleibt unbestritten: Die Karten existieren und lassen etwas erkennen, das älter ist als unser Wissen. Und das zeigt doch wohl deutlich genug, daß einiges in der Vergangenheit anders lief, als es heute noch in den Schulen gelehrt wird.

Angesichts solcher Entdeckungen müssen wir eine frühe Seefahrt voraussetzen, zumal Thor Heyerdahl mit seinem Ra-II-Unternehmen bewiesen hat, daß die Überquerung des Atlantiks relativ mühelos ist. Mit einem nachgebauten altägyptischen Papyrusboot startete er 1970 mit seiner Crew in Safi (Marokko). Die Fahrt bewältigten Heyerdahl und sein Team in 57 Tagen, wobei eine Strecke von 5270 Kilometern zurückgelegt wurde.

Dazu sind Stimmen laut geworden, die meinen, daß die Fahrt von Heyerdahl nicht mehr beweise als die Tatsache, daß er und seine Leute gute Seemänner waren. Man muß annehmen, die Kritiker haben Heyerdahl nicht gelesen, denn die Aussage ist unsachlich. Wir erfahren nämlich aus dem Bericht über das Ra-II-Unternehmen, daß Heyerdahl und seine Leute keine ausgebildeten Seefahrer waren. Die achtköpfige Besatzung ging völlig unerfahren an den Start. Ein Mitglied des Teams wußte nicht einmal, daß Seewasser Salz enthält.

Wenn es derart unerfahrenen Männern gelang, über den großen Teich zu segeln, obwohl sie kein besseres Boot hatten als die Ägypter, dann sollte es ausgebildeten Seeleuten erst recht gelingen, die Barriere Atlantik zu überwinden. Und ausgebildet waren die damaligen Seefahrer ganz sicher. Gute Seemänner gibt es nicht erst seit Kolumbus.

Auch der Einwand, die Besatzung hätte moderne Funkgeräte an Bord gehabt, ist nicht zwingend. Die Crew überquerte den Atlantik nicht auf Funkgeräten, sondern in einem altägyptischen Papyrusboot, worauf es ja letztlich ankam.

Außer Thor Heyerdahl haben noch andere Männer den Atlantischen Ozean in einfachen Booten erfolgreich überwunden, so unter anderem der französische Arzt Alain Bombard. Allerdings hatte der Franzose andere Gründe für seine Reise. Er vertrat die Theorie, daß ein Schiffbrüchiger ohne Wasser und Nahrung keineswegs verdursten und verhungern müsse. Deshalb startete er in einem 4,5 Meter langen Schlauchboot am

19. Oktober 1953 von den Kanarischen Inseln, um seine Theorie zu beweisen. Was er tat, um zu überleben, soll uns jetzt nicht interessieren. Er erreichte jedenfalls nach 65 Tagen gesund, wenn auch erschöpft, die Insel Barbados. Dort landete übrigens auch Heyerdahl.

Der deutsche Arzt Lindemann war von der Theorie des Franzosen nicht überzeugt. Auch er überquerte vor etwa 30 Jahren in einem Faltboot den Atlantik, um die These von Bombard zu widerlegen. Er startete von Las Palmas auf Gran Canaria und erreichte die Karibischen Inseln nach 72 Tagen.

Für unsere Überlegungen ist es weniger interessant, wer von den beiden recht hat. Die Beispiele beweisen aber, daß die Überwindung des Atlantischen Ozeans auch mit einfachen Booten möglich ist. Das aufzuzeigen, darauf kam es an.

Die natürlichen Bedingungen im Atlantik begünstigen eine Überquerung. So gleitet der Kanarenstrom an der Nordwestküste von Afrika entlang, dreht anschließend in den Atlantik und führt direkt zum Golf von Mexiko. Zurück geht es dann mit dem Golfstrom.

Warum also soll es für die Alten unmöglich gewesen sein, den Atlantischen Ozean zu überwinden? Kolumbus schaffte es ja ebenfalls, obwohl er kein besseres Wasserfahrzeug besaß. Selbst die Boote der Wikinger waren seetüchtiger als das Flaggschiff von Kolumbus, die ›Santa Maria‹. Mit dem nachgebauten ›Cokstadschiff‹ segelten Forscher auf den alten Routen der Wikinger nach Amerika. Dabei überholte das Boot am 15. Mai 1893 sogar ein Dampfschiff!

Nun ist auch zu verstehen, warum die Phönizier und andere seefahrende Völker an der Atlantikküste Siedlungen errichteten. Und die erwähnten Artefakte lassen nur allzu deutlich erkennen, daß unsere Vorfahren offenbar regelmäßig über den großen Teich segelten.
Obgleich das bisherige Material erdrückend ist, werden Atlantikfahrten vor einigen tausend Jahren nach wie vor geleugnet. Kurzerhand werden die bekannt gewordenen Entdeckungen als Fälschungen bezeichnet – die in der Tat vorgekommen sind – oder als Fehlinterpretationen verirrter Geister abgetan. So schrieb zum Beispiel Glyn Daniel, ehemaliger Professor der Archäologie am St. John's College in Cambridge und danach Herausgeber der Zeitschrift ›Antiquity‹, über Barry Fell: »Fell war Professor (zum Glück nicht der Archäologie, sondern der Meeresbiologie) in Harvard. Seine beiden Veröffentlichungen sind vielleicht das lächerlichste, komischste Beispiel jenes Wildwuchses ...«
Daniel verschweigt jedoch, daß Fell, im Gegensatz zu ihm, auch ein Kenner alter Sprachen ist. Daß Daniel Professor Fells Ausführungen ohne ein einziges sachliches Gegenargument als absurd erklärte, ist doch erstaunlich. Aber nicht alles kann so einfach beiseite geschoben werden. Und dann können auch Experten manchmal recht originelle Theorien entwickeln.
Der Flaschenkürbis ist eine Kulturpflanze der Alten Welt. Sie wurde von Mesopotamien bis Marokko angebaut. Als Botaniker die Pflanzen der Neuen Welt untersuchten und dort denselben Kürbis fanden, stand ohne Zweifel fest, daß der Flaschenkürbis mit den Spa-

niern ins Land gekommen war. Spätere Entdeckungen zeigten aber, daß es nicht so gewesen sein kann. Fachleute fanden nämlich in vorkolumbianischen Gräbern dieselbe Kulturpflanze.
Hier war mit dem Vorwurf der Fälschung nichts zu machen. Also wurde nach diesen Funden schlicht und einfach gesagt: Der Kürbis fiel irgendwo an Afrikas Küste ins Wasser, trieb über den Atlantik und kultivierte sich in Amerika selbst. Allerdings wurde vergessen zu erwähnen, wie der Samen über die Anden kam. Denn Peru liegt ja bekanntlich am Pazifik. Neuere Entdeckungen beweisen übrigens, daß der Flaschenkürbis schon um 1000 v. Chr. in Peru angebaut wurde.
Nun – wenn die Gelehrten einen Kürbis über den Atlantischen Ozean schwimmen lassen, dann kann es wirklich kein großer Fehler sein, das gleiche auch von einem Boot anzunehmen. Hierfür sind klare Indizien genannt worden, während die These der Selbstkultivierung doch recht fragwürdig ist.
Wenn die Experten, die ja ebenfalls von der Existenz einer frühen Hochkultur überzeugt werden sollen, alles Rätselhafte als Fälschung abtun, wird es schwierig, sie auch nur für diesen Gedanken zu interessieren. Nach Möglichkeit sollten die Fakten daher so exakt wie möglich sein, denn je weniger Anlaß besteht, Einwände zu erheben, desto größer ist die Chance, daß die einschlägigen Fachleute wenigstens darüber nachdenken. Darum soll eine weitere Kulturpflanze genannt werden, die ebenfalls auf der anderen Seite des Atlantik angetroffen wurde, obwohl sie in der Alten Welt zu Hause ist.

Als die Spanier in Peru landeten, war die Banane der Art ›Musa paradisiaca‹ schon weit verbreitet. Später fand man heraus, daß sie in jener Zeit bereits bis zur Atlantikküste von Brasilien angebaut wurde. Zunächst waren die Botaniker auch hier davon ausgegangen, die Banane sei erst nach der Eroberung durch die Konquistadoren eingeführt worden. Als man jedoch Bananenblätter und nahezu versteinerte Früchte in vorkolumbianischen Gräbern fand, gab es keinen Zweifel mehr, daß die Banane der Art ›Musa paradisiaca‹ sehr viel früher über den Atlantischen Ozean gekommen sein mußte, und zwar nur mit Hilfe des Menschen. Diese Sorte ist zwar so krumm wie alle Bananen, doch kann sie sich nicht selbst kultivieren, weil sie – samenlos ist!

Als letztes Beispiel soll die Baumwolle erwähnt werden. Die wilde Art in der Neuen Welt besitzt 13 kleine Chromosomen, die in der Alten Welt dagegen 13 große und ist jenseits des Atlantiks nicht anzutreffen. Daher waren die Fachleute nicht wenig erstaunt, als sie feststellten, daß von Mexiko bis Peru Baumwolle bekannt war, die 26 Chromosomen besaß, und zwar 13 kleine und 13 große. Ohne Frage hat hier eine Kreuzung stattgefunden. Da man aber zwei Arten nur dann veredeln kann, wenn beide vorhanden sind, muß logischerweise die Spezies mit den 13 großen Chromosomen aus der Alten Welt nach Amerika gekommen sein (oder vielleicht umgekehrt?). Wann das war, wissen wir nicht, aber es muß lange vor Kolumbus gewesen sein.

Es gibt Hinweise, daß überseeische Kontakte sehr früh

stattfanden, und zwar noch früher, als es Professor Fell aus den Inschriften der Säulen ermittelte. So entdeckten Archäologen auf einer hethitischen Stele einen bärtigen Mann, vor dem eine gewaltige Schlange mit Hörnern emporragt. Offenbar kämpfen beide miteinander. Dieser Stein befindet sich heute im Museum von Aleppo (Syrien). Das gleiche Motiv ist auch auf einer Stele aus der frühen La-Venta-Epoche zu bewundern im archäologischen Park von Villahermosa (Mexiko). Hier hat ein Treffen von Menschen aus der Alten Welt mit denen jenseits des Atlantiks sogar schon im 2. Jahrtausend vor der Zeitrechnung stattgefunden. Das läßt sich anhand des geschichtlichen Materials nachweisen. Das Reich der Hethiter wurde um 1200 v. Chr. von den durchziehenden Seevölkern zerschlagen. Es ist klar, daß die Kontakte nur in einer Zeit stattfinden konnten, als das Hethiterreich noch Bestand hatte. Und die Hethiter besaßen große Schiffe. Das ist einigen Reliefs zu entnehmen.

Wie alt die Seefahrt ist, können wir nur ahnen. Doch müssen die Anfänge in grauester Vergangenheit liegen, wenn wir uns die weite Verbreitung der Kaurimuschel vor Augen halten. Entdeckt wurde sie rund um den Globus, also auch in Amerika, und sogar auf einigen Inseln im Pazifik. In Europa fand man sie neben 30000 Jahre alten menschlichen Überresten in der Grotte Grimaldi (Frankreich). Das gelblich schimmernde, porzellanartige Gehäuse der Muschel (Cypraea) war überall seit vielen Jahrtausenden als Schmuck heißbegehrt. Das wäre nicht weiter absonderlich. Wundern müssen wir uns allerdings, wie das Handelsobjekt

ohne Schiffe um die ganze Welt kam, denn diese Schneckenart existierte nur im Indischen Ozean (Malediven) und nirgendwo anders.
Es muß also in einer fernen Epoche mindestens eine hochentwickelte Kultur gegeben haben, die mit ihren Schiffen über die Weltmeere segelte.
Warum dann aber Amerika aus dem Bewußtsein der Menschen entschwand, ist eines der großen Rätsel in der Weltgeschichte. Denn es sind ja nicht allein die gegenständlichen Funde, die so viel Kopfzerbrechen bereiten. Auch in anderen Bereichen treffen wir auf so genaue Analogien, daß sie unmöglich mit dem Zufall erklärt werden können.
Was die Spanier in der Neuen Welt beobachteten, ist in der Tat verblüffend. Zum Beispiel entdeckten sie, wie die Priester der Inka Kinder tauften, indem sie den Täufling mit Wasser besprengten. Ebenso bemerkten sie, wie gebeichtet wurde und wie die Priester einer Ehe ihren Segen gaben. Sie sahen ferner, daß in einigen Tempeln auf den Pyramiden stets ein kleines Licht brannte, ähnlich dem Ewigen Licht in den katholischen Kirchen. Als sich die Kriegswogen etwas geglättet hatten und die Spanier mit den Unterworfenen freundlicher umgingen, bemerkten sie, daß einige Feste der Indianer mit christlichen Feiertagen übereinstimmten. So wurde der Geburtstag des ›Weißen Gottes‹ am 25. Dezember gefeiert. In der christlichen Welt feiert man Christi Geburt bekanntlich am 24. Dezember. Ursprünglich war es aber ein Festtag der unbesiegbaren Sonne im alten Rom am 6. Januar. Im 4. Jahrhundert n. Chr. wurde der Tag auf den 24. Dezember verlegt.

Am 2. November, dem Allerseelentag, werden in den katholischen Gegenden die Gräber geschmückt. Das gleiche taten die Indianer am selben Tag. In katholischen Kirchen erinnert man sich am 8. September an die Geburt Marias, der Mutter von Jesus. Am selben Tag feierten die Maya den Geburtstag der Mutter des ›Weißen Gottes‹.

Jetzt drängt sich natürlich die Frage auf, wann diese Rituale und Feste in die Neue Welt kamen. Und damit, wie gehabt, stoßen wir einmal mehr auf einige Unklarheiten. Sicher ist nur eines: Bevor die Konquistadoren in Amerika ankamen, war den Indianern längst bekannt, was die Spanier zu ihrer Verwunderung sahen, das heißt, die Europäer konnten dieses Wissen nicht vermittelt haben.

Die Taufe war zwar im antiken Orient schon lange als Ritual eingeführt (Untertauchen im Wasser), doch wurde dieser Brauch erst um die Zeitenwende von einzelnen jüdischen Gemeinden übernommen. Bekannt wurde ›Johannes der Täufer‹, den Herodes Antipas (4 v. Chr.–39 n. Chr.) wahrscheinlich um 25 nach der Zeitenwende enthaupten ließ.

Später übernahm die ganze Kirche die Taufe und ersetzte damit die Beschneidung. Doch erst im 13. Jahrhundert nach unserer Zeitrechnung ging der Klerus im Westen zur Infusion (Übergießen) beziehungsweise zur Aspersion (Besprengen) über, also zu dem Ritual, das auch die Indianer vollzogen. Die Ostkirche blieb beim Untertauchen (Immersion).

Sehr schwierig ist es, das Ewige Licht zu erklären. Cortez eroberte das Aztekenreich von 1521–26 und

Pizarro das Reich der Inka in Peru von 1531–35. Das Ewige Licht ist jedoch erst Anfang des 17. Jahrhunderts in den katholischen Kirchen zu finden; wahrscheinlich wurde es von den orientalischen Mysterienkulten übernommen, die sehr alt, aber geheim waren. Das Licht brannte also bereits in der Neuen Welt, bevor es Eingang in die Gotteshäuser der Alten Welt fand.

Das Fest Allerseelen ist seit dem 12. Jahrhundert Brauch. Und die kirchenrechtlichen Bestimmungen für die Beichte sind ebenfalls erst im 12. Jahrhundert endgültig geworden.

Dieser kleine Auszug an Gleichheiten auf beiden Seiten des Atlantiks im religiösen Bereich mag genügen. Doch müssen wir auch hier fragen, ob die christlichen Bräuche wirklich aus dem Nahen Osten nach Amerika kamen.

Die Zeit für eine Verbreitung war eigentlich zu kurz, denn zwischen der Einführung der Rituale in der Alten Welt und der Landung der Spanier in Amerika waren gerade erst rund 300 Jahre vergangen. In den Chroniken der Indianer heißt es aber, daß ihre Kulturbringer vor Urzeiten über das Land gezogen sind.

Hinzu kommt, daß um die Zeitenwende in der Neuen Welt schon Hochkulturen existierten und damit die Legende von den weißen Göttern, die in den Chroniken erwähnt werden, nicht mehr entstehen konnte.

Wenn wir diesen ›gordischen Knoten‹ einfach mit dem Schwert zerschlagen könnten, wie Alexander der Große es tat, um der Wahrheit näherzukommen, wäre damit das Rätsel vielleicht gelöst; aber oft ist der elegantere Weg nicht der richtige. Als Erklärung bietet sich auch hier eine Kultur an, die ihre Erkenntnisse auf beiden Seiten des Atlantik verbreitete. Auch eine frühe Hochkultur wird natürlich eine Religion gehabt haben, denn ohne Glauben kann der Mensch nicht leben. Irgendein Ideal hat jeder von uns, auch wenn es erheblich von dem abweicht, was allgemein als Religion bezeichnet wird.

Es ist also keineswegs absurd, anzunehmen, daß Glaubenselemente von den Nachkommen einer längst untergegangenen Kultur weitergereicht wurden. Einige Bräuche und Rituale, die heute in der christlichen Welt üblich sind, wurden ja auch aus anderen Religionen übernommen. Zum Beispiel nennen wir das Symbol des Heiligen Abends ›Christbaum‹, obwohl es ein uralter heidnischer Brauch ist, einen Baum zu schmükken.

Natürlich ist heute nicht mehr zu ermitteln, warum und wie die Gottesidee entstehen konnte. Ein alter Yuki-Indianer sagte einmal zu Ivar Lissner: »Ich denke, irgendwer muß es gesehen haben, sonst könnten wir nichts davon wissen.« Ob nun der alte Indianer recht hat oder nicht, wir müssen die Frage stellen, wie sich die Ähnlichkeiten ergaben. Der Zufall dürfte hier wohl ausscheiden.

Wenn wir davon ausgehen, eine frühe Hochkultur habe bei all den Ungereimtheiten mitgemischt, dann müssen die Angehörigen dieser Zivilisation auch in der Lage gewesen sein, hochseetüchtige Schiffe zu bauen, um ihr Wissen und ihre Religion um die Welt tragen zu können. Doch neben dem Cheops-Boot, das die Merkmale eines seegehenden Wasserfahrzeugs besitzt und damit die »lange Tradition in der Seefahrt« offenbart, wie Thor Heyerdahl sagte, werden wir vermutlich kein zweites Schiff finden, das noch älter ist. Wir müssen uns also nach anderen Quellen umsehen. Wenn wir uns eingehender informieren wollen, können wir uns nur an schriftlichen Zeugnissen orientieren. Und da gibt es in der Tat interessante Hinweise, die unter anderem den Sintflut-Geschichten zu entnehmen sind. Die Bibel ist ja nicht die einzige Überlieferung, in der eine menschheitsvertilgende Katastrophe geschildert wird. Doch in allen Erzählungen gibt es einen schwimmenden Untersatz, auf dem mindestens eine Person überlebt.

Den erwähnten Wasserfahrzeugen kann man auch die Entwicklungshöhe entnehmen, die in den jeweiligen Regionen erreicht worden war. Wenn Tamandere (Südamerika) nur auf einem Floß überlebte, dann können die Menschen dort, wo der Bericht verfaßt wurde, keine höhere Daseinsform erreicht haben als zum Beispiel die Inka in Peru, die ihren Handel zu Wasser mit Flößen durchführten. Allerdings waren sie in der Lage, mit diesen Fahrzeugen auch gegen Wind und Strömung zu segeln, was den Spaniern, wie wir hörten, nicht gelang.

Im Gilgamesch-Epos, das uns die Sumerer hinterließen, wird aber ein ausgewachsener Segler beschrieben. Da heißt es unter anderem:

> »Ein Feldstück groß war seine Bodenfläche,
> die Wände hundertzwanzig Ellen hoch,
> und hundertzwanzig Ell'n des Deckes Seiten.

... Sechs Zwischenböden fügte ich ihm ein,
in sieben Decks es dadurch unterteilend.
... Besorgte Ruderstangen, schaffte Vorrat.«

Die Angabe »die Wände hundertzwanzig Ellen hoch« muß jedoch korrigiert werden. Hartmut Schmökel, der Übersetzer des Epos, wies in seiner Einführung darauf hin, daß er versucht hat, den Text möglichst wörtlich zu übersetzen. Nehmen wir nun den Text wörtlich, dann entstand ein Turm, der rund 60 Meter im Viereck maß und ebenso hoch war. Dieser schwimmende Würfel wäre aber bei den ersten Brechern gekentert, und zwar deshalb, weil der Schwerpunkt der Konstruktion über der Wasseroberfläche lag. Daher kann mit »hundertzwanzig Ellen hoch« nur die Gesamthöhe vom Kiel bis zur Mastspitze gemeint sein. Auf jeden Fall wurde dieses Fahrzeug von Rudermännern angetrieben, sonst wäre die Beschaffung von ›Ruderstangen‹ sinnlos gewesen.

Betrachten wir gleich noch die Maße der »Arche Noah« im biblischen Sintflut-Bericht. Zuvor jedoch eine Bemerkung: Die uns vorliegende Bibel ist mit dem Text versehen, der vom evangelischen Kirchenausschuß im Jahre 1912 zum Druck freigegeben wurde. Dort heißt es im Anhang, daß die im Alten Testament verwendete Elle auf die babylonische zurückgeht und eine Länge von 55 beziehungsweise 49 Zentimetern hatte.

Und nun zum biblischen Text:

»Mache dir einen Kasten von Tannenholz und mache Kammern darin und verpiche ihn mit Pech

inwendig und auswendig. Und mache ihn also: Drei hundert Ellen sei die Länge, fünfzig Ellen die Weite und dreißig Ellen die Höhe.
Ein Fenster sollst du daran machen obenan, eine Elle groß. Die Tür sollst du mitten in seine Seite setzen. Und er soll drei Boden haben: einen unten, den anderen in der Mitte, den dritten in der Höhe« (1. Mose 6; 14–16).

Nach diesen Maßen hatte die Arche in der Bibel, mit der kleinen Elle, folgende Abmessungen:

Länge:	147,0 Meter
Breite:	24,5 Meter
Höhe:	14,7 Meter (Seitenhöhe)

Als Vergleich dazu die Maße des Segelschulschiffes ›Pamir‹, das, 1905 erbaut, der Stolz der deutschen Marine wurde.

Länge:	105,0 Meter
Breite:	14,0 Meter
Höhe:	8,5 Meter (Seitenhöhe)

Für das Epos-Boot sind Gesamthöhe und Länge angegeben, nicht aber die Breite. Nehmen wir die Relation (Länge – Breite und Breite – Seitenhöhe) der ›Pamir‹ und übertragen diese auf das Epos-Schiff, dann war es rund 60 Meter lang, hatte eine Breite von 8 und eine Seitenhöhe (Kiel – Deck) von 5 Metern.
Ein Fachmann wird allein an den Maßen erkennen, daß hier ein fundiertes Wissen im Schiffsbau vorhanden gewesen sein muß, denn um ein sicheres Wasserfahrzeug mit vernünftigen Fahreigenschaften zu erhalten, muß die Relation Länge – Breite stimmen. Divi-

dieren wir die Länge der Arche durch ihre Breite, ergibt sich:

$$147 : 24{,}5 = 6;$$

und bei der ›Pamir‹ 7,5.

Es ist deutlich zu erkennen, daß die bei modernen Seglern geforderte Relation auch bei der Arche peinlich genau beachtet wurde. Bei einem Kasten, wie Noah ihn gebaut haben soll, hätte dieses Verhältnis keine Rolle gespielt. Er sollte ja nur schwimmen.

Im Gilgamesch-Epos ist von Stürmen die Rede, das heißt, die Sintflut-Schiffe hatten gegen schwere See zu kämpfen. In diesem Fall muß ein Schiff, nach alter Seemannserfahrung, unbedingt Fahrt haben, um nicht querzuschlagen. Noah konnte also nur eines machen: Sturmsegel setzen und schräg gegen die anrollende See steuern. Der Kasten in der Bibel wie auch der Würfel im Epos waren Segler, die gute Fahreigenschaften besaßen. Die Schiffe sind demnach von Fachleuten entworfen und gebaut worden.

Und noch etwas fällt auf. Wenn wir einen Boden als Kiel nehmen, den zweiten als Deck, dann hatte die Arche mindestens ein Zwischendeck. Das Flaggschiff des Kolumbus, die ›Santa Maria‹, besaß nur ein durchgehendes Deck. Und die Begleitschiffe ›Nina‹ und ›Pinta‹ waren offene Karavellen, die im Bug und achtern Kastellaufbauten hatten. Im Vergleich zu der Arche und dem Epos-Schiff waren sie schwimmende Badewannen.

Das Epos-Boot dürfte allerdings keine sieben Decks gehabt haben. Die magische Bedeutung der Ziffer Sieben im Altertum ist bekannt. Sie wird im Epos, wie

auch die Zahl Zwölf, des öfteren erwähnt, ohne einen wirklichen Sinn zu haben.
Vor einigen tausend Jahren baute man also nicht nur große Segler, sie waren auch von der Konstruktion her besser und mit Sicherheit leistungsfähiger als die Schiffe im Mittelalter.
Es gibt noch weitere Quellen, die uns Anhaltspunkte über die Größe der damaligen Schiffe liefern. Einen Hinweis finden wir unter anderem in den Veden. Dort heißt es von den Asvin:

> »Da zeigtet ihr eure Kraft im Meer, wo kein Halt, kein Stand, kein Greifen ist, als ihr Bhujyu heimführtet, ihr Asvin, der euer Schiff, das hundertrudrige, bestiegen hatte.«

Rufen wir uns noch einmal ins Gedächtnis zurück, daß die Punt-Schiffe der ägyptischen Königin Hatschepsut 30 Meter lang waren und 30 Ruderer auf ihnen Platz fanden. Das Schiff der Asvin könnte dann etwa die Größe der ›Pamir‹ gehabt haben. Und wozu es eingesetzt wurde, erfahren wir auch.
Die Asvin waren Himmelskinder, die auch durch die Lüfte flogen. Aber sie werden oft mit der See in Verbindung gebracht. Da heißt es zum Beispiel: »Weit um den Himmel geht euer Wagen, wenn er vom Meer herankommt.« Und sie brachten Schätze, »vom Meer oder vom Himmel her«. Die Schätze waren nichts anderes als Handelsgüter. Daß die Ware auch vom Himmel kam, soll uns im Augenblick nicht interessieren. Auf jeden Fall erwähnen die Veden – deren beträchtliches

Alter bekannt ist, obwohl sie erst später zusammengefaßt wurden – Handelsschiffe.
Jetzt wäre es gut, zu wissen, wann die große Sintflut stattgefunden hat. Leider fehlen in allen Berichten Angaben dazu. Also müssen wir bekannte Faktoren heranziehen und daraus unsere Folgerungen ableiten.
Das Gilgamesch-Epos wurde bereits um 2800 v. Chr. verfaßt, doch sind die einzelnen Geschichten sehr viel älter. Und da der biblische Bericht in einigen Passagen mit dem Gilgamesch-Epos nahezu wörtlich übereinstimmt, das Epos aber wesentlich älter ist, kann die Sintflut in der Bibel nur eine Zweitschrift sein. Die Texte des Alten Testaments wurden etwa ab 1200 v. Chr. gesammelt, obwohl auch sie erheblich älter sind. Gehen wir nun vom Gilgamesch-Epos aus, dann kreuzten bereits im 4. Jahrtausend große Segler über die Ozeane. Da sie aber, den Überlieferungen zufolge, wegen der nahenden Katastrophe gebaut wurden, müssen wir schauen, wann solch ein Unglück die Menschheit traf. Im 4. Jahrtausend kann es keine globale Erschütterung gegeben haben, weil einige Jahrhunderte später die Hochkulturen entstanden. Das wäre nach solch einem Ereignis nicht möglich gewesen. Also fand das Drama in einer ferneren Vergangenheit statt. Suchen wir weiter, treffen wir auf Tatsachen, die eine menschheitsvernichtende Katastrophe offenbaren. Wie schon erwähnt, ereignete sich das Unglück vor ungefähr 12000 Jahren.
Die Segler in den Sintflut-Geschichten sind demzufolge sehr alt. Erinnern wir uns noch einmal an die Piri-Reis- und die Philippe-Buache-Karte, die beide

eine eisfreie Antarktis zeigen, und denken wir an die Kaurimuschel, die schon vor 30000 Jahren nach Europa kam, dann können in jener Zeit nicht allein Nomaden den Erdball bevölkert haben.

Kapitel 4

Schrift, Zahl und die Astronomie der alten Völker

Schriftzeichen, die uralt sind /
Ohne Ziffern läuft nichts /
Das Wissen der Altvorderen, das wir entdeckten /
Hat Eratosthenes geflunkert? /
Letztlich wird die Wahrheit siegen /
Das rätselhafte Wissen der Dogon

So wie die Griechen bis vor wenigen Jahrzehnten als die Kulturschöpfer des Abendlandes galten, werden noch heute die Sumerer als die Erfinder der Schrift gefeiert. Das Bild von den Heilsbringer-Griechen hat sich, wenn auch nur zögernd, unter dem Druck neuer Erkenntnisse gewandelt. Die Hellenen waren sicher keine Dummköpfe, aber auch nicht so klug, wie sie vorgaben zu sein. Ähnliches geschieht nun mit den Sumerern.

Inzwischen hat unser Wissen über die Altvorderen beträchtlich zugenommen. Es gibt heute keine Zweifel mehr, daß es mehrere Ursprungsorte der Schrift gab. Und was vor allem unsere Neugier wecken muß, ist, daß Schriftzeichen entdeckt wurden, die offensichtlich älter sind als das System der Sumerer, die um 3000 v. Chr. zu schreiben begannen.

So fanden Experten in der Nähe des Dorfes Karanowo (Bulgarien) 1966 ein kleines Tonstück mit konischem Griff, auf dem unbekannte Zeichen eingraviert waren.

Noch im selben Jahr entdeckten Archäologen bei Gradeschnitza (ebenfalls Bulgarien) eine ganze Tafel mit denselben merkwürdigen Zeichen. Und als rumänische Fachleute bei Tataria gleich drei solcher Tontafeln fanden, die wiederum mit denselben eingravierten Mustern versehen waren, konnte durch Vergleiche ermittelt werden, daß es sich hierbei um eine richtige Schrift handelte.
Also gab es auch auf europäischem Boden vor 5000 Jahren Menschen, die des Schreibens kundig waren. Georgi Georgieff, Leiter der prähistorischen Abteilung des Archäologischen Instituts der Akademie in Sofia, läßt die Möglichkeit offen, ein noch höheres Alter anzunehmen, da die Fundstücke teilweise in einer Kulturschicht entdeckt wurden, die bis ins 4. Jahrtausend reicht. Die auf dem Balkan entdeckten Zeichen sind also mit an Sicherheit grenzender Wahrscheinlichkeit um einige Jahrhunderte älter als das in Mesopotamien erfundene System. Vor allem bleibt festzuhalten, daß die europäische Erfindung unabhängig von der im Osten gemacht wurde.
Solche Entdeckungen überraschen zwar, werden jedoch akzeptiert, weil sie noch in das bestehende Weltbild passen. Sobald aber Zeichen gefunden werden, deren Alter unbestimmbar ist, wie die sogenannte Glozel-Schrift, werden sie von den Fachleuten als Fälschung abgelehnt. In der Nähe des kleinen französischen Dorfes Glozel fand der Bauer Émile Fradin diverse Tontafeln mit fremden Gravuren. Doktor Morlet, der die Fundstücke untersuchte, bestätigte ihre Echtheit. Doch keine der uns bekannten Kulturen hat

diese Zeichen je benutzt. Das heißt also, sie müssen sehr alt sein. Auf jeden Fall älter als das, was in Mesopotamien und auf dem Balkan gefunden wurde.

Wenn aber tatsächlich Fälscher am Werk gewesen sind, dann waren das ungeheuer rührige Leute; denn Inschriften mit diesen Schriftzeichen entdeckten Fachleute wie Laien in Skandinavien, Frankreich, Portugal, Nordwestafrika, Südamerika und noch an einigen anderen Orten.

Verblüffend ist, daß einige Glozel-Zeichen große Ähnlichkeit mit Buchstaben des lateinischen Alphabets haben. Das sind zum Beispiel A, H, L, N, O, R und Z. Ohne Schwierigkeiten lassen sich noch erkennen: E, F, S und T. Allerdings heißt das nicht notwendigerweise, daß die Buchstaben auch die gleiche Bedeutung besaßen. Da sie aber offensichtlich eine weite Verbreitung fanden, fragt man sich unwillkürlich, wer die Schrift erfunden hat und um die Welt trug. Wir wissen es nicht. Sicher ist nur eines, daß die Glozel-Zeichen bereits vor der sogenannten Morgenröte der Menschheit geschrieben wurden. Und das ist für zahlreiche Fachleute offenbar ein Unding.

In der ›Enzyklopädie der Archäologie‹ – erstmals erschienen 1977 in England, deutsche Ausgabe 1980 – werden unter dem Stichwort ›Schrift‹ alle bisher im Altertum bekannten Schriften besprochen. Dagegen wird Glozel mit keiner Silbe erwähnt. Das offensichtlich hohe Alter der Zeichen paßt nicht ins Weltbild der Archäologen. Doch wie soll das Dunkel der Vergangenheit erhellt werden, wenn Entdeckungen totgeschwiegen werden?

Ob die entdeckten Buchstaben auf die untergegangene Kultur zurückgehen, weiß natürlich kein Mensch. Doch wird niemand bestreiten, daß ein hochentwikkeltes Volk für die vielfältigen Aufgaben eine Schrift benötigt. Und es ist durchaus möglich, daß sie in anderen Teilen der Welt noch geschrieben wurde, obwohl die Kultur längst nicht mehr existierte. Erinnern wir uns daran, daß bald nach der Gründung von Kolonien durch die europäischen Großmächte in den annektierten Gebieten die Sprache des Eroberers gesprochen und geschrieben wurde, zumindest von der gehobenen Schicht. Warum soll es damals anders gewesen sein? Denn es ist bekannt, daß der Mensch sich in seinem Wesen und in seiner Art seit Jahrzehntausenden nicht veränderte. Außerdem gab es Überlebende der Katastrophe. Irgendwo müssen sie eine neue Heimat gefunden haben. Auch sie werden den in ihrer Nachbarschaft lebenden Einheimischen etwas von ihrem Wissen vermittelt haben. Und denken wir daran, daß heute noch viele Sprachen auf die indogermanische zurückgeführt werden können, die vor einigen tausend Jahren von Indien bis Europa gesprochen wurde, dann können wir uns sicher vorstellen, wie lange sich Elemente einer Kultur erhalten.

Natürlich haben sich im Laufe der Zeiten Sprache und Schrift erheblich gewandelt. Dennoch ist es keineswegs absurd, wenn die Glozel-Zeichen mit einem Volk in Verbindung gebracht werden, das vor langer Zeit in hoher Blüte stand.

Gäbe es keine Schrift, könnten sich die Menschen trotzdem verständigen. Anders dagegen ist es in der

Astronomie. Wer sich hier zurechtfinden will, braucht die Zahl. Ohne sie ist in diesem Bereich überhaupt nichts zu erreichen. Dennoch schrieb Carl Grimmberg in seiner ›Weltgeschichte‹ Band 1, daß die Ägypter keine größeren Rechnungen lösen konnten, als mit den zehn Fingern möglich sind. Wir hörten aber, daß der Kalender in Ägypten bereits im 4. Jahrtausend v. Chr. dem Sonnenjahr angeglichen wurde. Es hat 365 Tage. Und später folgte sogar im Rhythmus von vier Jahren das auch uns bekannte Schaltjahr. Im Lande des Nils waren die Priester-Astronomen also fähig, bis 365 zu zählen.

Der Wunsch, das Jahr in überschaubare Abschnitte einzuteilen, ist jedoch wesentlich älter. Das zeigen uns die schon genannten Cromlechs. Häufig sind die Steine so angeordnet, um den Tag der Sonnenwende zu bestimmen. Der Steinkreis von Mount Crow in Wyoming (USA), mit einem Durchmesser von 24 Metern, hatte eine andere Aufgabe. Von der Kreismitte laufen 28 Steinreihen zum Rand der Figur, um die fünf Steinhaufen aufgeschichtet wurden, die gemeinsam ein regelmäßiges Fünfeck bilden. Sinn und Zweck dieser Anordnung sind verborgen. Dagegen ist die Bedeutung der Steinreihen innerhalb des Kreises erkannt worden. Jede Reihe stellt einen Tag dar, das heißt, ein Jahr hatte 13 Monate mit insgesamt 364 Tagen, denn es ist: 13 × 28 = 364.

Von den 28 Reihen ist eine länger als die anderen. Das könnte auf den Fehltag hinweisen. Es ist wirklich erstaunlich, daß vor Tausenden von Jahren Menschen einen Kalender verwendeten, die von den Gelehrten

noch im ersten Drittel unseres Jahrhunderts als Wilde bezeichnet wurden. Dieser Steinkreis ist aber ein Hinweis mehr, daß die Altvorderen keineswegs primitive Gesellen waren. Das beweisen 35 000 Jahre alte Knochen, die in Frankreich gefunden wurden. Darauf sind, zur Überraschung der Experten, exakt die einzelnen Mondphasen eingeritzt. Die Stücke sind unter anderem mit einem Scherenmikroskop untersucht worden. Demnach gibt es keine Zweifel, daß beim Einritzen der Zeichen ein Transkriptionssystem angewendet wurde. Nun bedeutet Transkription nichts anderes als die Umsetzung eines fixierten Wortes in andere Zeichen. Ein Schrift-Wort wiederum kann aber nur dann vorhanden sein, wenn es eine geschriebene Sprache gibt. Das heißt: Ohne Schrift keine Transkription.
Damit keine Mißverständnisse entstehen: Es muß sich hierbei nicht unbedingt um eine Buchstabenschrift in unserem Sinne gehandelt haben. Um jedoch ein Transkriptionsschema anwenden zu können, müssen wenigstens Piktogramme existieren.
Die ersten Bildsymbole wurden um 8000 v. Chr. in Sumer verwendet, sagen die Fachleute. Das mag für Mesopotamien zutreffen. Die Knochen haben jedoch ein Alter von 35 000 Jahren und sind in Frankreich gefunden worden.
Auf jeden Fall muß etwas Lesbares vorhanden gewesen sein, um dies in bestimmte Zeichen übertragen zu können. Somit ist die Feststellung »Ohne Schrift keine Transkription« durchaus berechtigt. Nicht anders ist es in der Astronomie mit den Ziffern. Sie sind unbedingt erforderlich, und sei es nur, um die Länge eines

Jahres zu bestimmen. Das astronomische Wissen der Alten war verblüffend. Folglich muß auch im Reich der Zahlen einiges an Kenntnissen vorhanden gewesen sein. Und so war es in der Tat. Den Beweis liefern uns kleine Tontafeln.

Von Professor Chiera (›Sie schrieben auf Ton‹) hören wir nämlich, daß sich mancher Assyrologe nicht mehr zurechtfand, wenn er versuchte, Tafeln mit einem mathematischen Text zu analysieren. Professor Chiera muß gewußt haben, wovon er sprach, denn er war selber ein anerkannter Fachmann in dieser Disziplin. Sobald Spezialisten aus anderen Bereichen benötigt werden, um den Text einer alten Tafel zu deuten, muß der Inhalt ein Wissen widerspiegeln, welches über den allgemeinen Kenntnissen steht und das von dem betreffenden Gelehrten auf diesem Gebiet beherrscht wird. Ganz so unterentwickelt können die Alten in dem Bereich also nicht gewesen sein. Und das waren sie wirklich nicht, denn die schriftlichen Vermerke sind oft mit Ziffern belegt. Dadurch erfuhr die Nachwelt, wie genau die Priester-Astronomen ihre Beobachtungen durchführten. Diese Genauigkeit ist wieder ein Punkt, der zum Staunen Anlaß gibt, wo Mißtrauen angebracht wäre. Denn in zahlreichen Überlieferungen erwähnen unsere Vorfahren die Planeten und ihre Monde. Das ist auch ganz natürlich, sollte man meinen, denn schließlich wurden die Wandelsterne über Generationen hinweg beobachtet. Aber da treffen wir schon auf das erste Rätsel.

Als die schriftlichen Quellen studiert wurden, hatte man zunächst eine simple Tatsache übersehen, nämlich die, daß zwar einige Planeten ohne Schwierigkeiten mit freiem Auge zu beobachten sind, nicht aber ihre Trabanten. Deren Reflexion des Sonnenlichts ist zu schwach, um von unseren Augen wahrgenommen zu werden. So ist zum Beispiel Phobos, ein Begleiter des Mars, auch mit einem guten Fernrohr nur als verwaschener Fleck zu sehen. Dessenungeachtet werden die Monde in den Überlieferungen aufgeführt.

Jonathan Swift hinterließ uns sogar ein literarisches Wunder. In seinem 1726 veröffentlichten Abenteuerroman ›Gullivers Reisen‹ erwähnte er unter anderem auch die beiden Marsmonde Phobos und Deimos (Furcht und Schrecken). Aber Swift nennt diese Begleiter nicht nur, er beschreibt auch ihre Bahnen und Umlaufzeiten. Der innere Satellit umkreist in einem Abstand von drei, der äußere Begleiter von fünf Marsdurchmessern das Hauptgestirn. Die Mitte der Mondbahnen liegt dabei im Mittelpunkt des Planeten. Demnach bewegt sich Phobos in einer Höhe von 16975 Kilometern. Der wahre Abstand beträgt 9400 Kilometer. Und Deimos wandert auf einer Bahn, die 30555 Kilometer von der Oberfläche des Mars entfernt ist. Tatsächlich sind es jedoch nur 23500 Kilometer.

Phobos benötigt nach Swift für einen Umlauf 10 und Deimos 21,5 Stunden. Wirkliche Umlaufzeiten: 7 Stunden und 39 Minuten für Phobos, 30 Stunden und 18 Minuten für Deimos. Nun gab es zwar 1726 schon Fernrohre; was hier überrascht, ist die Tatsache, daß beide Monde erst 1877, also 151 Jahre nach Swift, von dem amerikanischen Astronomen Asaph Hall (1829–1907) entdeckt wurden.

Die Angaben von Swift sind zwar fehlerhaft; dennoch kommen wir nicht umhin anzuerkennen, daß irgendwer die beiden Trabanten vor Hall entdeckte. Allerdings wird derjenige wohl für immer unbekannt bleiben. Aber es gab bestimmt Aufzeichnungen davon. Woher sollte Swift sonst erfahren haben, daß der Mars zwei Monde hat? Und schon gar nicht konnte er wissen, in welchem Abstand und in welcher Zeit sie ihre Kreise drehen.

Die Chaldäer, ein altes Volk vor den Babyloniern, geben uns ein ähnliches Rätsel auf wie der irische Schriftsteller. Ihre Schilderung eines Mondumlaufs klingt für uns recht amüsant. Da heißt es: Der Gott (Planet) verspeist seine Kinder (Monde). Natürlich wird der Begleiter unsichtbar, wenn er hinter seinem Hauptgestirn verschwindet. Doch andererseits berechneten sie die Umlaufzeit ziemlich genau, weil regelmäßig die verschluckten ›Kinder‹ wieder freigegeben wurden. Da die Chaldäer die Monde jedoch nie sahen, wie wir jetzt wissen, muß man sich fragen, was sie eigentlich berechneten. Ohne Frage müssen auch sie über alte Quellen verfügt haben. Das Wissen kommt demnach aus der tiefsten Vergangenheit.

Eigenartigerweise treffen wir die Tatsache häufiger an, daß etwas beobachtet wurde, was gar nicht zu sehen war. So ist es auch bei der Venus. Dieser Planet ist mit bloßem Auge gut zu sehen. Dennoch erkennt man am nächtlichen Himmel nur einen hell leuchtenden Punkt. Wird die Venus, aus unserer Sicht, nur zu einem Drittel von der Sonne angestrahlt, ragen der untere und der obere Rand noch ein Stück über die sichtbare

Fläche hinaus. Dadurch entsteht der Eindruck, als habe der Planet Hörner. Und tatsächlich wurde die Venus in der Antike als Stier verehrt. Nur haben wir hier das gleiche Problem: Die Hörner sind mit bloßem Auge nicht zu entdecken. Erst mit einem guten Fernrohr sind die einzelnen Phasen des Gestirns auszumachen.

Die Plejaden sind, der griechischen Mythologie zufolge, die sieben Töchter des Atlas. Von Orion ständig verfolgt, verwandelte Zeus die Töchter in sieben Sterne – das Siebengestirn. Schon die alten Ägypter kannten die Plejaden. Und seltsamerweise ist dieses Sternbild rund um den Globus von den Völkern des Altertums verehrt worden. Im Popol Vuh, dem heiligen Buch der Maya, werden 400 Jünglinge erschlagen, die daraufhin zu jenem Sternbild werden, das man »die Plejaden nennt«. Auch die Bibel spricht vom Siebengestirn. Tatsächlich sind aber mit freiem Auge nur sechs leuchtende Punkte auszumachen. Woher wußten die Alten schon damals, daß es eigentlich sieben Sterne sind? Fernrohre besaßen die Priester-Astronomen nicht. Wie also entdeckten sie den wahren Sachverhalt?

Mit den Mitteln, die den Vorfahren zugestanden werden, muß es auch sehr schwierig gewesen sein, die Sonne zu beobachten. Es dürfte klar sein, daß eine geschwärzte Scheibe nicht ausreichte, die Vorgänge auf unserem Zentralgestirn auszukundschaften. Dennoch überlieferte uns der griechische Philosoph und Schriftsteller Plutarch, daß die Ägypter einen Gott hatten, der die Sonne rotieren ließ. Plutarchs Darstellung lautet sinngemäß: In den Büchern des Hermes

steht der Name Horus, dem die Kraft zugeschrieben wird, die Sonne in eine Umdrehung zu bringen. Offenbar wußten die Ägypter, daß sich die Sonne um ihre Achse dreht. Wie hatten sie das in Erfahrung gebracht? Wir jedenfalls wissen erst seit Anfang des 17. Jahrhunderts davon, also seit rund 350 Jahren, als der Jesuitenpater Christoph Scheiner (1575–1650) mit einem Fernrohr die dunklen Flecken auf der Sonnenoberfläche studierte und anhand der Bewegungen den folgerichtigen Schluß zog, daß sich die Sonne um ihre Achse drehen müsse, und bestimmte so den Sonnenäquator.
Für uns ist es unerheblich, welcher Gott der Ägypter die Sonne in eine Umdrehung versetzte. Die Priester-Astronomen müssen jedenfalls davon gewußt haben, sonst hätten sie darüber nicht schreiben können. Es kann also keinen Zweifel geben: Wer immer die Himmelskörper beobachtete, besaß ein Fernrohr.
Unser eigenes Wissen war im Mittelalter noch recht kümmerlich und nahm erst seinen Aufschwung, als der Niederländer Johannes Lippershey aus Middelburg erstmals im Jahre 1608 ein Fernrohr baute. Etwa ein Jahr später wurde auch von Galileo Galilei ein optisches Instrument hergestellt. Von ihm dürfte auch die Bezeichnung ›Teleskop‹ stammen.
Jetzt erst war es möglich, zum Beispiel die gegenseitigen Ortsveränderungen der Fixsterne zu untersuchen, die bis dahin zwar vermutet wurden, aber mangels geeigneter Ausrüstung nicht festgestellt werden konnten. Und damit begann auch die Zeit der Entdeckungen. Also wuchsen unsere Kenntnisse erst mit der Erfindung des Fernrohrs.

Da die Alten aber längst wußten, was erst viel später von uns entdeckt wurde, müssen wir wieder einmal fragen, wie sie zu dem Wissen gekommen sind. Angesichts dieser Tatsachen muß die Folgerung erlaubt sein, daß vor langer Zeit Menschen auf der Erde lebten, von denen die astronomischen Kenntnisse weitergereicht wurden. Nur sind sie von den Nachkommen nicht immer verstanden worden.

Im vorigen Kapitel wurde kurz angedeutet, daß die Phönizier im Auftrage des Pharaos Necho II. Afrika umsegelten. Hier soll noch einmal die Fahrt erwähnt werden, denn sie machten dabei eine interessante Entdeckung. Als die Schiffe den Wendekreis hinter sich gelassen hatten, bemerkten die Männer zu ihrer Verblüffung, daß die Sonne plötzlich im Norden stand und nicht wie gewohnt im Süden. Aber die Phönizier wurden ausgelacht und verspottet, als sie davon bei ihrer Rückkehr erzählten.

Nicht einmal 100 Jahre waren seit dem phönizischen Abenteuer vergangen, als der Grieche Hekataios von Milet (560–480 v. Chr.) eine Erdkarte anfertigte. Der Mittelmeerraum war genau wiedergegeben, von Afrika dagegen hatte er nur den oberen Teil gezeichnet. Offenbar wußte Hekataios nicht, wie Afrika aussieht und wo der Kontinent im Süden endet. Und er erwähnte auch nicht den Wechsel der Sonne von Süd nach Nord.

Der englische Ägyptologe Alan B. Lloyd meint dazu: »Dieser Reisebericht entbehrt jeder Glaubwürdigkeit.« Die Griechen sollen nämlich damals schon gewußt haben, daß unser Tagesgestirn vom Süden in den

Norden wandert, wenn der Wendekreis in Richtung Süden überfahren wird.
Um das zu wissen, muß man zweifellos einige geographische Kenntnisse besitzen, die aber von Professor Ramage den Griechen jener Zeit nicht zugestanden werden.
Übrigens: Herodot leitet seine Passage, in der er den Wechsel der Sonne beschreibt, folgendermaßen ein: »Ich kann es zwar nicht glauben, aber vielleicht glaubt es ein anderer.« Der zum Vater der Geschichtsschreibung beförderte Grieche wußte also ebenfalls nichts von dem Spiel unseres Zentralgestirns.
Solche scheinbar unwichtigen Details gibt es viele. Wer aber nach der Wahrheit sucht, muß auch sie beachten. So findet man zum Beispiel keine Erklärung dafür, warum die Alten Sterne mit Zacken darstellten. Betrachtet man diese Himmelskörper mit freiem Auge, sieht man nur helle Punkte, aber keine sich ausbreitenden Strahlen. Als die Astronomen begannen, fotografische Aufnahmen von den Sternen zu machen, waren meist vier Strahlen auf den Fotos zu sehen, die vom Aufnahmeobjekt ausgingen. Diese Strahlen sind jedoch die Folge der Lichtbrechung im Objektiv des Fernrohrs. Da den Altvorderen keine optischen Instrumente zugestanden werden, können sie auch nichts davon gewußt haben. Und doch sieht man schon bei den alten Ägyptern Sterne mit Strahlen. Damit haben wir Gelegenheit, uns ein weiteres Mal zu wundern.
Aber es gibt weitaus mehr Quellen, die darauf hindeuten, daß die Kenntnisse auch in der Astronomie vor

Jahrtausenden größer waren als um die Zeitenwende und danach.
Wir besitzen von Eratosthenes nämlich einige interessante Unterlagen, die recht aufschlußreich sind. Der Grieche war um 250 v. Chr. als Leiter der ›Alexandrinischen Bibliothek‹ in Ägypten tätig. Hier wurden, so vermuten die Wissenschaftler, mehr als 700000 Papyrusrollen gelagert, auf denen die Erkenntnisse aus früheren Epochen aufgezeichnet waren.
Eratosthenes stand also reichlich Material zur Verfügung. Und er nutzte es auch eifrig. Nur hat er das überlieferte Wissen offenbar nicht immer verstanden. Er sagte nämlich, der Wendekreis des Krebses befinde sich bei einer Breite von 23 Grad und 51 Minuten. Offensichtlich wußte er nicht, daß zu seiner Zeit der Wendekreis sich inzwischen auf 23 Grad und 45 Minuten verschoben hatte. Der Grieche war vermutlich davon ausgegangen, die in den Aufzeichnungen angegebenen Werte würden sich nie ändern. Doch die Erdachse schwankt, wie wir hörten, um 1/3600 Grad oder eine Gradsekunde im Jahr. Bevor eine Sekunde zu einer Minute wird, müssen 60 Jahre vergehen. Der Wendekreis hatte sich aber inzwischen um sechs Minuten verschoben. Also muß die von Eratosthenes verwendete Angabe 360 Jahre vor ihm niedergeschrieben worden sein. Und derjenige, der den Ort des Wendekreises exakt berechnete, kannte dann natürlich die Himmelsbewegungen. Hätte Eratosthenes davon gewußt, wäre ihm dieser Fehler nicht unterlaufen. Die Daten des Wendekreises kann der Grieche demzufolge nicht ermittelt haben.

Damit erscheint auch ein weiterer Gedanke von Eratosthenes in einem anderen Licht, denn noch heute wird in den Schulen gelehrt, daß er es war, der als erster den Erdumfang berechnete. Der Grieche ging dabei folgenden Weg: Er hatte bemerkt (das jedenfalls sagte er), daß die Sonne am Tag der Sonnenwende in einem Brunnen in Syene keinen Schatten warf, wenn sie über dem Ort im Zenit stand. Zur selben Zeit warf der Stab einer Sonnenuhr in Alexandria einen Schatten von bestimmter Länge. Eratosthenes dachte sich nun den Brunnen in Syene als Stab einer Sonnenuhr und verlängerte ihn gedanklich bis zum Erdmittelpunkt. Dasselbe tat er mit dem Stab der Sonnenuhr in Alexandria und ermittelte so rechnerisch eine Zenitdistanz von 7,5 Grad.
Er dividierte nun den Vollwinkel von 360 Grad durch die 7,5 Grad und hatte damit den Erdumfang in 48 gleiche Teile zerlegt. Da beide Orte am gleichen Meridian liegen, brauchte er nur noch die Strecke mit 48 zu multiplizieren, um den Umfang der Erde zu erhalten. Die Linearentfernung Alexandria – Syene beträgt 830 Kilometer. Der Grieche erhielt als Lösung: 39840 Kilometer. Er hatte also die Gleichung $U = 830 \times (360° : 7{,}5°)$ verwendet. Der Gedanke ist wirklich genial. Aber – war es tatsächlich der Grieche, der den Erdumfang errechnete? Die Sache hat nämlich einen Haken. Wenn Eratosthenes in Gedanken Linien zum Erdmittelpunkt zog, dann muß er gewußt haben, daß unser Planet eine Kugelform besitzt. Zu seiner Zeit galt aber das unumstößliche Dogma, daß die Erde eine Scheibe sei und inmitten des Universums ruhe. Um den Erdum-

fang ermitteln zu können, hätte Eratosthenes jedoch erst die Kugelgestalt finden müssen.
Andererseits ist mit Bestimmtheit die wahre Gestalt unseres Planeten lange vor den Griechen bekannt gewesen. Es konnte nämlich den Schiffskapitänen nicht verborgen bleiben, daß die Landmasse, wenn das Boot sich ihr näherte, nicht plötzlich da war, sondern allmählich aus den Fluten emporwuchs. Dabei waren die Erhebungen stets eher zu sehen als das Ufer. Und da dies an allen Küsten gleichermaßen zutraf, konnte es keine lokale Erscheinung sein. Mit Sicherheit erkannten die Seeleute bald den wahren Grund. Im Sohar, dem Buch der Kabbala, wird ebenfalls auf die Kugelgestalt der Erde hingewiesen, denn dort heißt es:

> »So dreht sich die ganze bewohnte Welt wie eine Kugel im Kreise, so daß die einen nach unten kommen, die anderen nach oben.«

Und das ist ja zweifellos eine Tatsache. Damit stellt sich uns die Frage, ob Eratosthenes das auch gewußt hat? Aber – warum hat er dann kein Wort darüber verloren? Wenn der Grieche über die Gestalt der Erde informiert war, doch nichts darüber sagte, dann hatte er sein Wissen aus Aufzeichnungen. Denn es paßt nicht zusammen, wenn er den Umfang auf logischem Wege ermittelte, sich über die Gestalt unseres Planeten jedoch ausschwieg. Als Leiter der Bibliothek nutzte er natürlich die Gelegenheit, alte Schriften zu verwenden, was durchaus legitim ist. Doch hätte er erkennen

müssen, daß ohne Kenntnis der Kugelgestalt der Erdumfang nicht zu bestimmen ist.
Obwohl wir nur Fragmente von den Schriften des Eratosthenes besitzen, kann dennoch gesagt werden, daß er hier nicht korrekt handelte. Der Grieche beschreibt ja eingehend seine Gedankengänge, indem er darauf hinweist, daß von ihm der Brunnen und der Stab der Sonnenuhr zum Erdmittelpunkt verlängert werden. Wie kam er darauf, Brunnen und Stab bis zum Mittelpunkt der Erde zu verlängern, wenn der Planet eine Scheibe ist? An dieser Stelle hätte er die Kugelform erwähnen müssen, um damit zu erklären, wie er auf die Zenitdistanz von 7,5 Grad kam. Da er das unterlassen hat, bleibt der Verdacht, daß er abgeschrieben hat.
Übrigens: Als der griechische Geograph Strabo um 27 v. Chr., also rund 220 Jahre nach Eratosthenes, den Umfang der Erde erneut berechnete, kam er nur auf 27000 Kilometer. Damit hatte er sich von den wahren Verhältnissen um ein gehöriges Stück entfernt. Und das lag sicherlich nicht daran, daß die Unterlagen von Strabo weniger umfangreich waren als die von Eratosthenes. Dieser Gedanke ist zwar naheliegend, denn als Cäsar 47 v. Chr. Ägypten eroberte, fiel die Bibliothek in Alexandria den Flammen zum Opfer. Doch Strabo stand nahezu die gleiche Materialfülle zur Verfügung. Nach der Ermordung von Cäsar in Rom wurde Antonius dessen Nachfolger und, wie dieser, der Geliebte der betörend schönen Kleopatra. Diese beklagte sich bei ihm, daß Cäsar viele Schriften hatte verbrennen lassen. Daraufhin schenkte Antonius der Königin von Ägypten die nicht weniger berühmte Bibliothek von

Pergamon. Mit den noch erhaltenen Papyrusrollen aus dem alten Bestand erlangte die Alexandrinische Bibliothek sogar eine noch größere Bedeutung als vorher. Und dieses Material stand auch Strabo zur Verfügung, denn die Bibliothek war für jedermann offen. Der Grieche reiste ja mehrmals durch das Römische Reich und schrieb danach sein 17 Bände umfassendes Werk ›Geographica‹. Strabo hätte also, als er in Alexandria weilte, die in der Bibliothek lagernden Aufzeichnungen einsehen können. Die endgültige Vernichtung dieses einmaligen Hortes alter Erkenntnisse geschah im Jahre 391 durch fanatisierte Christen. Bischof Theophilus ließ alles zerstören, was die ›Heiden‹ einst geschaffen und geschrieben hatten. Und damit ging unwiederbringlich das Wissen aus fernen Epochen verloren. Ein Zeitgenosse des Leiters der Alexandrinischen Bibliothek. Aristarch von Samos, auch ein Grieche und gleichfalls in Alexandria beheimatet, schuf dort sein heliozentrisches Weltsystem. Er nahm an, daß die Schleifenbewegungen der Planeten durch eine Gegenrotation der Erde ersetzt werden müssen. Damit ließe sich der scheinbare Rücklauf der Wandelsterne besser erklären. Die Erde war bei Aristarch nicht mehr der Mittelpunkt des Sonnensystems, sondern lief mit den anderen Planeten in exzentrischen Kreisen um die Sonne.

In seinem ›Almagest‹ lehnte der große Astronom seiner Zeit, Ptolemäus (100–170 n. Chr.), diese Theorie ab und bezeichnete sie als indiskutabel. Er rückte die Erde wieder in den Mittelpunkt aller Planetenbahnen. Auch die Sonne kreiste wieder um unseren Planeten.

Das war ein ganzer Schritt zurück. Man sollte es nicht glauben, das ›ptolemäische Weltsystem‹ hatte knappe 2000 Jahre Bestand, vor allem deshalb, weil die christliche Kirche dieses Weltsystem zum Dogma erhoben hatte und jede andere Meinung unterdrückte. Wie heißt es im Mahabharata, einem altindischen Epos? »Das Erstarren einer religiösen Form ist Heuchelei.«
Den nächsten Versuch, die wirklichen Bewegungen der Planeten zu erklären, unternahm rund 1650 Jahre nach Aristarch von Samos der Domherr Nikolaus Kopernikus (1473–1543). Er übernahm die Theorie des Griechen. Zwar stand auch bei ihm die Sonne noch im Mittelpunkt des Weltalls, aber die Planeten, einschließlich der Erde, liefen auf Kreisbahnen um die Sonne. Sein Werk ›De revolutionibus orbium coelestium‹ (Über den Umlauf der Himmelswelten) hielt er jedoch viele Jahre zurück, weil er den Widerstand der Kirche fürchtete. Für die galt ja das ptolemäische Weltsystem. Erst kurz vor seinem Tode gab Kopernikus das Werk zur Veröffentlichung frei. Erstaunlicherweise duldete die Kirche die Arbeit von Kopernikus als genial, aber unbewiesen.
Doch jetzt war es kein Geringerer als der dänische Astronom Tycho Brahe (1546–1601), der widersprach. Die Aussagen des Domherrn deckten sich nicht mit seinen Beobachtungen, die er allerdings noch ohne Fernrohr durchführte. Das wurde, wie wir hörten, erst 1608 von Lippershey gebaut.
Es vergingen weitere 100 Jahre, da entdeckte der ehemalige Gehilfe von Brahe, Johannes Kepler (1571–1630), die tatsächlichen Verhältnisse: Alle

Planeten laufen um die Sonne, und zwar nicht auf kreisförmigen, sondern elliptischen Bahnen. Und – das konnte er auch beweisen. Sein Werk ›Astronomia nova‹ erschien 1609, in dem er zwei seiner Gesetze von den Planetenbewegungen veröffentlichte. Das dritte Gesetz folgte 1619.

Bis auf die Bahnen der Planeten, die keine exzentrischen Kreise, sondern Ellipsen sind, hatte schon Aristarch den wirklichen Verlauf der Bewegungen erkannt. Und das ist wieder recht sonderbar. Was nämlich bei der Theorie des Griechen sofort auffällt und nachdenklich stimmt, ist die Tatsache, daß die Schleifenbewegungen (Aberrationen) der Planeten ohne ein Fernrohr nicht wahrzunehmen sind. Außerdem wird dazu eine mechanische Uhr benötigt.

Solch eine stellte erstmals Peter Henlein (1480–1542) im Jahre 1510 her (Nürnberger Ei). Als erster verwendete der niederländische Mathematiker und Physiker Christian Huygens (1629–1695) eine von ihm entwickelte Pendeluhr (1673), um eine verläßliche Zeitmessung durchführen zu können. Aber erst im Jahre 1837 gelang es dem Astronomen Friedrich Bessel (1784–1846) unter anderem, die Ortsveränderungen (Parallaxen) der Fixsterne festzustellen.

Wie war es Aristarch daher möglich, schon um 250 v. Chr. über die Schleifenbewegungen der Planeten eine Theorie aufzustellen? Er hatte sich also über einen Vorgang Gedanken gemacht, den er ohne die entsprechende Ausrüstung gar nicht beobachten konnte. Hier kann es ebenfalls keinen Zweifel geben, daß dem Griechen älteres Quellenmaterial zur Verfügung stand.

Folglich müssen andere vor Aristarch den wahren Sachverhalt erkannt und schriftlich festgehalten haben.

Es ist heute bekannt, daß lange vor den Hellenen die Priester-Astronomen in Mesopotamien über ein unglaubliches astronomisches Wissen verfügten. Tontafeln beweisen, daß bereits von ihnen die Präzession entdeckt worden ist. Doch in den Lexika finden wir den Namen Hipparchos von Nikäa (190–120 n. Chr.) als Entdecker dieses Phänomens. Aber er kann es nicht gewesen sein, denn die Tontafeln in Mesopotamien sind rund 100 Jahre vor dem Griechen beschrieben worden. Solche Irrtümer konnten deshalb entstehen, weil sich die Griechen, bewußt oder unbewußt, über ihre Quellen ausschwiegen und dadurch die wirklichen Urheber unbekannt blieben. Doch mit dem ansteigenden Wissen sind die Forscher in der Lage, die zunächst den Griechen zuerkannten Entdeckungen auf die tatsächlichen Entdecker zurückzuführen, obwohl in der Regel der einzelne Genius nicht mehr gefunden wird.

Wie so einiges andere im Bereich der Astronomie, ist auch die Herkunft der Tierkreiszeichen nicht sicher. Anfang des 2. Jahrtausends vor unserer Zeitrechnung wurde der Tierkreis in Mesopotamien aufgestellt. Das jedenfalls vermutet ein großer Teil der Fachleute. Andere Gelehrte meinen, er könnte im nördlichen Europa entstanden sein. Uns interessiert jetzt weniger, wo diese Zeichen erdacht wurden, sondern die merkwürdige Tatsache, daß der Kreis überall in der Welt fast der gleiche ist wie im vermuteten Ursprungsland.

Wer des Nachts seine Augen über das Himmelsgewölbe gleiten läßt, wird dort stets die gleichen Bewegungen sehen. Demnach müssen auch die Ergebnisse gleich sein, die sich aus den Beobachtungen ergeben. Der Einwand ist durchaus berechtigt, und es kann auch nichts dagegen eingewendet werden. Was jedoch seltsam anmutet, ist, daß die Namen, bis auf wenige Zeichen, überall dieselben sind oder, genauer, die gleiche Bedeutung haben. Man kann wohl den gleichen Tierkreis aufstellen, aber den Zeichen obendrein dieselben Namen zu geben hieße wieder einmal, dem Zufall zuviel Bedeutung beizumessen. Die Folgerung drängt sich auf, daß der Tierkreis nur einen Ursprung hatte und von dort aus, zusammen mit den Namen, verbreitet wurde.
Ähnlich verhält es sich mit dem Kalender der Maya. Er ist der genaueste, der bislang entwickelt wurde. Was unter ›genau‹ zu verstehen ist, soll mit einem Blick auf die Kalender vergangener Epochen geklärt werden. Heute gilt als sicher, daß in Ägypten schon um 4241 v. Chr. ein Kalender in Gebrauch war, der sich auf das Sonnenjahr mit 365 Tagen bezog. (Die meisten damaligen Völker nutzten die Mondbewegung für ihre Zeitrechnung.) Den ägyptischen Priestern fiel jedoch bald auf, daß ihr Jahr zu kurz war, deshalb führten sie das auch uns bekannte Schaltjahr ein. Dennoch ergaben sich Unregelmäßigkeiten, die offenbar nicht beseitigt werden konnten. Solche kleinen Fehler können jedoch enorm anwachsen, wenn der Jahresbeginn fest bleiben soll.
Um über eine verläßliche Zeitrechnung zu verfügen,

führte Julius Cäsar nach ägyptischem Vorbild eine Kalenderreform durch (Julianischer Kalender). Diese teilte das Jahr in 365 Tage, erforderte aber alle vier Jahre einen Schalttag. Das war immer noch zu ungenau, denn bis zum 16. Jahrhundert hatte sich der Jahresbeginn bereits um zehn Tage gegenüber dem tropischen Jahr verschoben. Mit der Einführung des ›Gregorianischen Kalenders‹ im Jahre 1582 durch Papst Gregor VIII. wurde diese Ungenauigkeit aufgehoben. Dieser Kalender, der heute noch von uns benutzt wird, ist so genau, daß erst in 5000 Jahren das Jahr um anderthalb Tage zu kurz wird. Der Maya-Kalender dagegen verkürzt das Jahr im gleichen Zeitraum nur um einen Tag.

Für die Fachleute war das natürlich eine verblüffende Entdeckung. Wie kamen Dschungelbewohner zu dieser genauen Zeittabelle? Den Ursprung des Tierkreises glauben die Experten in Mesopotamien gefunden zu haben, weil sich der Himmel dort gut beobachten läßt – aber in einer Dschungellandschaft?

Die zweite Überraschung ist das Alter des Maya-Kalenders. Er beginnt mit 4 Ahau 2 Cumhu, was nach unserem System der 12. August 3113 v. Chr. ist. Das erschien zunächst unglaublich. Seitdem jedoch die Funde in Belize bekannt wurden, deren Alter fast an das Jahr Null der Maya herankommt, wird diese Angabe allgemein akzeptiert.

Das, was heute über den Maya-Kalender bekannt ist, wurde von den Forschern erst nach mühevollen Anstrengungen und mit detektivischem Spürsinn ermittelt. Diese Zeitrechnung besteht nämlich nicht, um es einmal so auszudrücken, aus einem Stück wie der Kalenderstein der Azteken. Dieses Prunkstück aztekischer Kunst wurde bei Arbeiten unter dem Pflaster von Mexiko-City zufällig entdeckt. Der ›Stein der Sonne‹ ist rund, hat einen Durchmesser von 3,6 Metern und wiegt 25 Tonnen. Aus den eingemeißelten Zeichen lassen sich alle erforderlichen Daten ablesen. Beim Maya-Kalender ist das anders. Hier mußten die Daten von zahlreichen Stelen zusammengetragen werden. Darum erkannte man erst nach Jahren seine hohe Genauigkeit. Allerdings blieb bis heute unbekannt, wie die Maya das geschafft haben.

Die Vergangenheit bietet tatsächlich viele Ungereimtheiten. Und daß sie wahrhaft Erstaunliches für die Forscher bereithält, zeigt sich in dem Wissen des Dogon-Stammes, der auf dem Plateau von Bandiagara der Republik Mali (Afrika) seine Heimat hat. Was die Eingeweihten dieses Stammes zu berichten haben, veranlaßte Frau Doktor Germaine Dieterlen und Professor Marcel Griaule, mehrmals dorthin zu reisen. Von 1931 bis zu seinem Tod im Jahre 1956 sammelte der Professor ethnologisches Material der Dogon.

Um was geht es? Alle 50 Jahre werden von den Negern Feierlichkeiten begangen, die sich eindeutig auf den Fixstern Sirius beziehen. (Der Sirius ist ein Stern 1. Größe und 8,7 Lichtjahre von uns entfernt.) Diese Festlichkeiten werden nachweisbar schon seit Jahrhunderten abgehalten. Dabei spielt ein Begleitstern des Sirius eine wesentliche Rolle, der das Hauptgestirn in 50 Jahren einmal umläuft.

Das rätselhafte daran ist nun, daß der Begleiter seit

Jahrhunderten in den Mythen des Stammes zu finden ist, dieser aber erst im Jahre 1844 von dem Königsberger Astronomen Friedrich Wilhelm Bessel entdeckt wurde. Erst seit 1970 haben wir von dem Begleitstern ein brauchbares Foto. Nur der Ordnung halber muß erwähnt werden, daß der Begleiter ohne ein optisches Instrument unsichtbar bleibt.
Wir kennen also den weißen Zwerg seit rund 145 Jahren. Und damit scheidet die Möglichkeit aus, daß die Dogon irgendwann einmal von einem Reisenden das für sie unglaubliche Wissen vermittelt bekamen.
Daß hier etwas nicht mit rechten Dingen zugeht, dürfte wohl jedem klar sein. Da besitzt ein Negerstamm, der auch heute kaum die Stufe des Steinzeitalters überwunden hat, seit Jahrhunderten, mit hoher Wahrscheinlichkeit viel länger, ein Wissen, das wir erst seit jüngster Vergangenheit zu unseren Erkenntnissen zählen. Und dieses Wissen ist erstaunlich genau. Den Eingeweihten ist bekannt, daß der Begleitstern schwerer als der Sirius ist und eine weiße Farbe hat. Sie kennen auch den unregelmäßigen Bahnverlauf des Sirius. Ein Volk, das nie Fernrohre besaß, in der Mathematik nicht bewandert ist und bisher am modernen Leben vorbeiging, war in diesem Fall den Wissenschaftlern unserer Tage um viele Jahrhunderte voraus.
Doch es wird noch rätselhafter.
Die Eingeweihten kennen nämlich noch einen zweiten Begleiter des Sirius, von dem wir bislang nichts gesehen haben. Tatsache ist: Der Sirius zeigt einen unregelmäßigen Bahnverlauf, der nicht allein auf die Gravitationswirkung des weißen Zwerges zurückgeführt wer-

den kann. Die Astronomen schließen daher nicht aus, daß ein zweiter Begleitstern vorhanden ist. Sollte der eines Tages entdeckt werden, ist das Rätsel komplett.
Nach ihrer letzten vierjährigen Forschungsarbeit wurde von Frau Doktor Dieterlen und Professor Griaule hierzu ein Bericht veröffentlicht, der mit dem merkwürdigen Satz endet, daß die Frage, woher der Dogon-Stamm das Wissen habe, nie gestellt und entschieden wurde.
Frage von uns: Warum ist dann jahrelang geforscht worden?
Obwohl es natürlich wichtig wäre, zu erfahren, woher die Dogon ihr Wissen haben, ist die Tatsache, daß sie überhaupt diese Kenntnisse besitzen, eines der großen Rätsel. So ist zum Beispiel ihre Aussage, der weiße Zwerg sei schwerer als der Sirius, auch mit den besten Fernrohren nicht zu ermitteln. Dazu benötigt man unter anderem ein fundiertes Wissen vom Licht und von der molekularen Struktur der Materie.
Irgendwann muß das einmal bekannt gewesen sein, und zwar bevor uns die Entdeckung gelang. Denn es ist nicht zu leugnen, daß die Dogon den Sachverhalt kennen und daß sie, wann immer das war, nur durch andere davon erfahren konnten.
Eine Unmöglichkeit, die aber existiert. Oder anders gesagt: Es gibt wirklich Tatsachen, die es nicht geben dürfte.
Auch in diesem Bereich sind wir auf manches Seltsame gestoßen. Wenn die Alten uns in der Seefahrt Ungereimtheiten bescherten, dann war das auf astronomischem Gebiet erst recht zu erwarten. Wer nämlich

über die Meere segelt, muß ein wenig Bescheid wissen, sonst würde er den Zielhafen nur durch Zufall erreichen. Ohne Zweifel sind von dem einstmals hohen Wissen nur Bruchstücke auf unsere Ahnen gekommen, die aber zum Glück in die Mythen Eingang fanden. Anderes wurde im religiösen Bereich angesiedelt. So wurde das Restwissen einer alten Kultur bewahrt und behütet, weil die hochentwickelten Menschen für unsere Vorfahren Götter waren.

Kapitel 5

Frühe Ärzte und ihr geheimnisvolles Wissen

Die ›Dreckapotheke‹ der Ägypter /
Mumien beginnen zu sprechen /
Empfängnisverhütende Mittel vor 4000 Jahren /
Der Katheter, eine Erfindung aus Sumer /
Hanf war eine beliebte Droge /
Universitäten in Indien /
Künstliche Glieder und Schönheitsoperationen /
Schutzimpfungen in China /
Neue Methoden, altes Wissen /
Gehirnoperationen vor mehr als 10000 Jahren /
Waren Schamanen die ersten Ärzte?

Das bisher betrachtete Material offenbarte bereits merkwürdige Dinge aus der Vergangenheit, die wir als Spuren einer hochentwickelten, aber untergegangenen Kultur deuten. Es dürfte einleuchten, daß diese Zivilisation auch Heilkundige gehabt haben muß. Zwar glaubte die gelehrte Welt noch vor wenigen Jahrzehnten, daß die Geschichte der Kultur mit den alten Griechen anfing. Namen wie Pythagoras, Aristoteles, Hippokrates und so weiter schienen der Beweis dafür zu sein. Und da der zuletzt Genannte ein großer Arzt seiner Zeit (460–377 v. Chr.) gewesen sein soll (jedenfalls haben ihn griechenbegeisterte Generationen dazu gemacht), begann auch unser medizinisches Wissen mit dem Volk der Hellenen. Noch heute sprechen die angehenden Ärzte den ›Eid des Hippokrates‹, der die ethischen Pflichten des Berufsstandes festlegt. Aber war es tatsächlich so? Als der Arzt, Naturforscher und Maler Gustav Carus (1789–1869), ein Freund Goethes, zum ersten Mal Bilder von altägyptischen Bauwerken sah, war er überzeugt, daß mit der untergegangenen Kultur auch ein großes Wissen verlorenging. Es war sicher mehr eine intuitive Eingebung von Carus, denn noch in den zwanziger Jahren unseres Jahrhunderts galten die Griechen als Nonplusultra, als Begründer aller Wissenschaften und Erfinder des Logos. Damals ahnte niemand, welche Kenntnisse die Alten auf dem Gebiet der Medizin gehabt haben. Mit der Entzifferung der ägyptischen Hieroglyphen durch den Franzosen François Champollion (1790–1832) stieg das Wissen über das alte Ägypten beinahe sprunghaft an.

Es war im Jahre 1873, als der deutsche Ägyptologe Georg Moritz Ebers (1837–1898) eine etwa 20 Meter lange Papyrusrolle medizinischen Inhalts erstand. Er ahnte nicht, daß sein Name damit in die Geschichte eingehen würde. Die Rolle war mit über 100 Absätzen beschrieben, die jeweils 20 bis 22 Zeilen hatten. Sie wurde um 1500 v. Chr. verfaßt, und Experten stellten später fest, daß die Rolle eine Abschrift von weitaus älteren Vorlagen war.

Dort heißt es unter anderem, daß Entzündungen gut zu heilen sind, indem sie ausgebrannt werden. Eine Methode, die jahrtausendelang angewendet wurde. Weiterhin wird der Einlauf (Klistier) beschrieben und der noch im 19. Jahrhundert häufig angewendete Aderlaß. Die Griechen erwähnen das für den Patienten so erleichternde Blutabzapfen erst rund 2000 Jahre später. Tatsache aber ist, daß die Kauterisation, also das Ausbrennen von Wunden, wie auch der Aderlaß schon in vorgeschichtlicher Zeit bekannt waren.

Da die Geschichte mit der Erfindung der Schrift um 3000 v. Chr. beginnt, können wir nur vermuten, wie alt diese Verfahren sind. Obwohl der Papyrus von Ebers als Lehrbuch der inneren Medizin erkannt wurde, blieb er unbeachtet, vor allem deshalb, weil die Ingredienzen der Rezepte auch aus dem Kot von Fliegen, Löwen, Gazellen und anderen Tieren bestanden. Als weitere Zutaten verwendeten die Ärzte Zwiebeln, Wacholder, Knoblauch, Rettich, Sellerie, Tamariske, Rizinus und viele andere Heilpflanzen.

Anfang der zwanziger Jahre unseres Jahrhunderts wurde dann der Papyrus Smith bekannt, ein Lehrbuch der Chirurgie. Darin ist weder von Dämonen noch von Geistern die Rede. Nüchtern und mit viel Sachkenntnis werden die Krankheiten und ihre Heilung durch einen operativen Eingriff geschildert. Jetzt erkannten die Experten, daß die Ärzte im Lande des Nils wohl doch nicht hinter dem Mond gelebt hatten, und es begann eine ernsthafte Forschung. Die ›Dreckapotheke‹ der Ägypter erschien plötzlich in einem anderen Licht, als die Fachleute zu ihrer Überraschung feststellten, daß Kot und Harn von Menschen und Tieren antibiotische Wirkstoffe enthalten. Und nicht wenig erstaunt registrierten sie, daß die Ägypter gegen das Trachom Kupfer, Ton und Alaun verwendeten, die gleichen Mittel, die auch in einem modernen Lehrbuch für Augenkrankheiten zu finden sind.

Aber es verging noch eine gehörige Zeit, bis die Forscher herausfanden, gegen welche Krankheiten die ermittelten Heilpflanzen eingesetzt wurden. So entdeckten sie erst in den fünfziger Jahren unseres Jahrhunderts, daß aus Rettichsamen der Stoff Raphanin gewonnen werden kann, der eine antibiotische Wirkung besitzt. Aus Zwiebeln und Knoblauch gewinnt man Allistatin und Allicin. Das sind Mittel, die unter anderem Typhus, Ruhr und Cholera bekämpfen. Diese Pflanzen wurden, wie man inzwischen weiß, an die Pyramidenbauer und die Arbeiter anderer damaliger Großbaustellen verteilt. Jetzt wissen wir, warum.
Die beiden erwähnten Papyri sind jedoch nicht die einzigen Schriftstücke, die über Krankheiten berichten. Weitere wurden gefunden, die meisten um die Mitte des vorigen Jahrhunderts und danach. Zu dieser Zeit war die Fachwelt jedoch sehr zurückhaltend, was die Angaben in den Papyri betraf. Doch mit der Entdekkung der X-Strahlen im Jahre 1895 durch Wilhelm Conrad Röntgen (1845–1923), später in Röntgen-Strahlen umbenannt, hatten die Forscher ein wertvolles Hilfsmittel in die Hand bekommen. Ägypten ist nämlich nicht nur das Land der Pyramiden, sondern auch das der Mumien.
Der französische Arzt Armand Ruffer (1859–1917) gehört zu den Pionieren, die mit Hilfe der Röntgen-Strahlen die Überreste menschlicher Leiber untersuchten. Ihm folgten bald der Engländer Elliot Smith (1871–1937) und andere Experten. Und was diese Männer entdeckten, ist nun wahrhaft erstaunlich. Durch ihre Forschungen wissen wir heute, daß die

Ägypter, vom Pharao bis zum Sklaven, unter den gleichen Zahnerkrankungen zu leiden hatten wie der Mensch unserer Tage. Die Ägypter litten unter Tuberkulose, kannten Blinddarmentzündungen, Gallen- und Nierensteine, hatten mit der Gicht zu kämpfen und blieben auch nicht von Arteriosklerose, bekannter als Arterienverkalkung, verschont. Kurz, schon im alten Ägypten wurden die Menschen von Krankheiten befallen, die vom einfachen Schnupfen über Pocken, spinale Kinderlähmung bis hin zur neuzeitlichen Geißel Krebs reichen.
Betrachten wir die modernen Erklärungsversuche über die Entstehung der Adernverkalkung, dann lesen wir von Tabakgenuß, Alkohol, übermäßiger Ernährung, syphilitischen Erkrankungen und so weiter. Der Tabak war in Ägypten damals unbekannt. Und die Syphilis plagte in jener Epoche nur die Menschen des amerikanischen Kontinents. Dagegen war die Gonorrhoe (Tripper) durchaus bekannt. Vermutlich wurde die Krankheit von Sklavinnen aus Babylonien und Assyrien eingeschleppt.
Doch im Lande des Nil schlemmte man gern. Was aber wohl kaum auf die niederen Schichten zutreffen kann, die sich gerade noch eine Mumifizierung leisten konnten, indem sie sich das benötigte Geld liehen. Diese Leute waren jedoch ebenso von der Arterienverkalkung bedroht – eigentlich kein Wunder, denn sie lebten häufig im Streß, der ebenfalls die Arteriosklerose fördert. Ob die ägyptischen Ärzte die wahren Ursachen erkannt haben, ist nicht sicher; aber sie heilten oft mit Erfolg. Nur wenige Jahrzehnte nach Ruffer, Smith

und anderen hatte die Erforschung von Mumien einen Stand erreicht, der die Fachleute befähigte, aus einem Stück Hautgewebe die Blutgruppe eines Menschen zu bestimmen, der vor 4000 Jahren lebte.

Es konnte damals nicht ausbleiben, daß die Priester-Ärzte sich im besonderen für die Körper der Frauen interessierten, denn diese sind es ja, die neues Leben gebären. Aber offenbar war Nachwuchs nicht immer erwünscht. Und so gab es schon vor mehr als 4000 Jahren empfängnisverhütende Mittel. Die Spitzen von Akazien wurden fein zerrieben, mit Datteln und Honig vermengt, auf ein weiches Gewebe aufgetragen und tief in den Schoß eingeführt. Höchst verwundert stellten Fachleute Jahrtausende später fest, daß Akazienspitzen, in wäßrigen Flüssigkeiten aufgelöst, Milchsäure bilden. Viele der neuzeitlichen empfängnisverhütenden Mittel enthalten Milchsäure.

Ins Land der Phantasie verwies man jedoch eine Anweisung, die besagte, daß der Urin einer Schwangeren Weizen im Wachstum beschleunigt, wenn sie einen Knaben zur Welt bringen wird. Dagegen wird Gerste besser aufgehen, sollte es ein Mädchen werden. Dies galt auch als Schwangerschaftstest. Inzwischen ist auch dies von der Wissenschaft bestätigt worden. Die veränderte Hormonausscheidung im Urin bei schwangeren Frauen ist dafür verantwortlich und läßt eine 95prozentige Voraussage zu.

Nicht immer fanden die modernen Gelehrten heraus, wie und mit welchen Mitteln geheilt wurde, denn es gelang nicht, alle Namen der Heildrogen zu entziffern, die in den Anweisungen erwähnt werden. Aber es besteht kein Zweifel, daß die Heilkundigen Erfolge verzeichnen konnten. Man weiß heute, daß die Ärzte im Nilland eine Vielzahl von Heilpflanzen kannten, die sie aus allen erreichbaren Ländern importierten. Einige Zutaten der aufgeschriebenen Rezepte im Papyrus Ebers sind aus China und Indien eingeführt worden.

Das zwingt uns zu der Frage, wie hoch die medizinischen Kenntnisse in anderen Kulturen waren.

Im Land der beiden großen Flüsse Euphrat und Tigris, in Mesopotamien, hatte sich ein weiterer großer Kulturkreis gebildet. Dort gab es allerdings keine Mumien, die untersucht werden konnten, denn das Klima sowie der Boden in dieser Region waren zu feucht. Aber es gab eine ausgedehnte Korrespondenz zwischen Ärzten und Patienten. Und diese Tontafeln wurden für die Medizinhistoriker eine wahre Fundgrube, als es gelungen war, die Keilschrift zu entziffern. Herodot überlieferte zwar, daß es in Mesopotamien keinen Ärztestand gegeben habe, doch hier irrte der Grieche. Einige von diesen Heilkundigen erlangten sogar großes Ansehen.

Bedingt durch das feuchtheiße Klima, hatten die Bewohner unter mancherlei Krankheiten zu leiden. Die Malaria ist ein typisches Beispiel dafür. Aber die Krankheitserreger fanden auch einen guten Nährboden, denn die Hygiene wurde, anders als in Ägypten, ziemlich lax gehandhabt. Zwar reinigte man die Hände vor den Mahlzeiten, doch Gesicht und Körper wurden nur vor größeren Festlichkeiten gewaschen.

Auch bei den Ärzten aus Sumer bleibt es ungewiß, ob

von ihnen die wirklichen Ursachen um die Entstehung der jeweiligen Krankheiten erkannt worden sind. Aber sie stellten oft die richtige Diagnose. Und so heilten sie mit Erfolg Gelbsucht, Bronchitis, Gastritis und Hämorrhoiden, behandelten Schlaganfall, Darmverschlingung, Nieren- und Blasenleiden sowie Mittelohrentzündungen, kämpften gegen Lungen- und Rippenfellentzündungen und Gallenleiden.

Infolge der emsigen Tempelprostitution war die Gonorrhoe weit verbreitet. Deshalb dachten die Ärzte wohl darüber nach, wie dieser Krankheit am besten beizukommen war, und einer von ihnen erfand den Katheter. Seitdem hat dieses chirurgische Instrument seine oftmals lebensrettende Bedeutung bis in unsere Tage nicht verloren.

Was die Fachleute jedoch noch mehr erstaunte, war, daß schon vor rund 4000 Jahren die Ärzte in Babylonien den grauen Star erkannt hatten und auch behandelten. Die Operation wurde ausgeführt, indem der Arzt eine Nadel ins Auge stach, die getrübte Augenlinse nach unten drückte und somit dem Patienten ein grobes Sehen ermöglichte. Ähnlich verläuft der Eingriff heute. Die mangelnde Sehkraft wird danach durch eine Starbrille ersetzt. Ein weiterer Anlaß, sich zu wundern, war die Tatsache, daß die Ärzte in Mesopotamien nicht einfach Harnsteine kannten, sondern auch zwischen harten und weichen Steinen unterschieden. Und sie wußten, daß die harten Oxalatsteine nur operativ zu entfernen sind, während sich die weichen auflösen lassen.

Als harntreibende Mittel werden heute organische

Quecksilberpräparate oder synthetische Sulfonamide verabreicht. Noch vor wenigen Jahren verwendete man auch Kalziumkarbonat. Die Heilkundigen damals nahmen dazu Terpentinöl und zu Pulver geriebene Eierschalen vom Strauß. Manch einer mag sich jetzt fragen, was die Eierschalen dabei sollen. Offenbar ging es doch nicht ohne magischen Hokuspokus. Nun – Beschwörungsformeln, die heute auf uns recht albern wirken, haben selten bei einer Behandlung gefehlt. Aber daß die Heilkundigen in jener Zeit gezielt ihre Medikamente anwendeten und damit rationales Wissen verrieten, beweisen gerade die Eierschalen. Sie enthalten nämlich bis zu 97 Prozent Kalziumkarbonat.

Eine Pflanze schien bei den Ärzten und mit Sicherheit bei den Priestern eine besondere Stellung einzunehmen, und zwar der indische Hanf. Entsprechend dosiert, war er ein Mittel gegen Rheumatismus und Schlaflosigkeit. Die Beschwörungspriester hatten dagegen die Aufgabe, ihre eigenen Erfindungen, die Geister und Dämonen, zu beschwichtigen.

Die Masse der damaligen Menschen lebte in ständiger Angst vor diesen unsichtbaren Mächten, was beabsichtigt war, denn nur die Tempeldiener konnten helfen, wodurch ihre Existenzberechtigung untermauert wurde. Bevor sie jedoch mit dem Firlefanz begannen, mußten sie sich in Trance versetzen, und dazu eignete sich der indische Hanf besonders gut. Die Triebspitzen der Pflanze sind nämlich das Ausgangsprodukt für Haschisch.

Daß auch die Kollegen, welche sich der Kunst des

Wahrsagens hingaben, die Droge nahmen, dürfte mit Bestimmtheit zutreffen. Entsprechend eingenommen, führt Haschisch zu einem Rauschzustand, bei dem aber das Bewußtsein nicht ausgeschaltet wird.
Doch es ging auch ohne Geister und Dämonen. Das beweist zum Beispiel eine Tontafel, die als das älteste Lehrbuch der Medizin bekannt wurde. Bereits im 3. Jahrtausend vor der Zeitrechnung verfaßt, enthält die Tafel eine Anzahl von Rezepten. Was den Fachleuten sofort auffiel, war die sachliche Zusammenstellung der Rezepturen, ohne einen Gott, Dämon oder sonstigen Geist zu erwähnen.
Ob die Geister und Dämonen nur für die Patienten gedacht waren? Es ist jedenfalls nicht zu übersehen, daß auch in Mesopotamien die Ärzte hervorragende Kenntnisse besaßen, die sie erfolgreich anwendeten. Und sie kannten gleichfalls zahlreiche Heilpflanzen. Darunter stammten, wie in Ägypten, nicht wenige aus Indien. Also ist es ganz natürlich, wenn wir unseren Blick dorthin lenken.
Dieser Subkontinent mit seinem tropischen Klima hat nicht allzuviel hinterlassen. Was einmal existierte, ist längst zerfallen. Jedenfalls gibt es nur wenige schriftliche Quellen aus jenen Epochen. Die entdeckten Schriftstücke medizinischen Inhalts entstanden durchweg in späterer Zeit. So weiß man heute nicht mit letzter Sicherheit, wie hoch die ärztlichen Kenntnisse in Indien waren, als die Arier (Sanskrit = die Edlen) dort einfielen. Es bleibt auch unklar, was sie an Wissen mitbrachten. Doch gab es in Indien eine lange Tradition der mündlichen Überlieferung, so daß die schriftli-

chen Zeugnisse tatsächlich ein jahrtausendealtes Wissen wiedergeben. Dazu ein Beispiel: Heute wird von den Fachleuten kaum noch bezweifelt, daß der Starstich (die Behandlung des grauen Stars) von Indien nach Mesopotamien gelangte. Aber schon auf dem inzwischen berühmt gewordenen Gesetzesstein des babylonischen Königs Hammurabi (1792–1750 v. Chr.) sind in Paragraph 215 genaue Anweisungen und andererseits die Honorare für Augenärzte vermerkt. Man kann also nur vermuten, seit wann der Starstich in Indien praktiziert wurde. Auf jeden Fall verlieren sich die Anfänge im Dunst einer fernen Vergangenheit.

So wie die Papyri Ebers und Smith in Ägypten eine hohe Bedeutung gewannen, sind es in Indien die Schriftstücke Tscharaka-Samhita und Susruta-Samhita. In beiden Werken ist das medizinische Wissen festgehalten worden, das vor Jahrtausenden in den Kulturen am Indus bekannt war.

Im großen und ganzen wurden die indischen Ärzte mit den gleichen Krankheiten konfrontiert, die auch in Ägypten und im Zweistromland auftraten. Aber einiges war doch anders. Indien besaß im 8. Jahrhundert vor der Zeitrechnung zwei geistige Zentren, und zwar Taxila im Nordwesten des Landes in der Nähe der heutigen Stadt Rawalpindi (Pakistan) und Benares am Ganges. Dort gab es Schulen, Universitäten gleich, in denen nur Medizin gelehrt wurde. Während Taxila in den Wirren der nachfolgenden Zeit unterging, hat Benares alle Widrigkeiten bis heute überstanden.

Das Bild, welches die Forscher in mühseliger Kleinarbeit von den indischen Ärzten zeichneten, ist wahrhaft

erstaunlich. Hygiene wurde ganz großgeschrieben. Und sie galt nicht nur für die oberen Schichten, wie in Ägypten, sondern für alle. Das beweist unter anderem eine fast modern anmutende Badeanstalt der Mohenjo-Daro-Kultur im heutigen Bezirk Larkana im südlichen Pakistan. Dort hatte jedermann Zutritt. Neben dem 12 × 7 Meter großen Schwimmbecken, das bei den Ausgrabungen immer noch intakt war, gab es auch Dampfbäder. Natürlich sind ebenso Umkleideräume sowie Ruhestätten vorhanden gewesen. Durch unterirdische Kanäle wurde das Wasser zu- und abgeführt. Und diese Badeanstalt existierte bereits, als es in Europa noch keine Stadt gab, das heißt vor rund 5000 Jahren.
Da im Nilland wie auch in Mesopotamien zahlreiche Heilpflanzen aus Indien verwendet wurden, galt die Aufmerksamkeit der Forscher diesem Gebiet. In der Tscharaka-Samhita fanden die Experten über 500 pflanzliche Drogen, darunter auch den Schlangenwurz ›Rauwolfia serpentina‹. Bis zu diesem Zeitpunkt hatte die Fachwelt geglaubt, die Pflanze sei von dem deutschen Arzt und Botaniker Leonhard Rauwolf (1540–1596) entdeckt worden. Deshalb erhielt sie auch seinen Namen. Doch nun stellte sich heraus, daß die Rauwolfia schon einige tausend Jahre früher in Indien bekannt gewesen ist.
Die in der Pflanze befindlichen Alkaloide (stickstoffhaltige Basen mit starker pharmakologischer Reaktion) haben eine beruhigende, dämpfende Wirkung. Aus diesem Grund wurde sie auch von den indischen Ärzten bei, wie wir heute sagen würden, nervösen Er-

schöpfungszuständen verabreicht. Interessant ist, daß Rauwolfia-Präparate seit etwa 40 Jahren als Beruhigungsmittel verwendet werden.
Aber die große Überraschung für die Experten sollte noch folgen. In der Susruta-Samhita, wo hauptsächlich chirurgische Eingriffe beschrieben werden, entdeckten die Gelehrten Unglaubliches. Zumindest für die damalige Zeit. Ein Mann, der im Kampf oder durch ein anderes Mißgeschick einen Arm oder ein Bein verloren hatte, bekam von den Ärzten eine Prothese verpaßt. Und das hatten die Fachleute nun wirklich nicht erwartet, daß die Heilkundigen in jener Zeit sogar künstliche Glieder anfertigten.
Doch die tollste Entdeckung folgte noch. In Indien wurden vor mehr als 4000 Jahren Schönheitsoperationen durchgeführt!
Eine oft angewendete Strafe war damals das Abschneiden von Nasen. Wer nun sein Riechorgan verloren hatte, konnte sich vom Arzt eine neue Nase anfertigen lassen. Der trennte entsprechend der Nasengröße ein Stück Haut vom Gesicht, doch ein Rest blieb mit der Wange verbunden. Dann klappte er die Haut über den Nasenstumpf und nähte sie an. Damit die Haut nicht zusammenfiel, wurden zwei dünne Röhrchen in die Nasenlöcher geschoben. War die Haut angewachsen, trennte der Arzt die Verbindung mit der Wange. Den Rest erledigte die Natur.
Es versteht sich von selbst, daß entsprechende Vorbeugungsmittel bekannt gewesen sein müssen, um Infektionen während des Heilungsprozesses zu verhindern.
Ein weiteres Mal waren die Fachleute verwundert, als

sie auf eine Stelle in der Susruta-Samhita trafen, die eine genaue Beschreibung von anatomischen Studien an Verstorbenen enthielt. Das hatte es weder im Lande des Nils noch in Mesopotamien gegeben. Und im europäischen Mittelalter mußten die Ärzte auf illegalem Wege frisch Verstorbene herbeischaffen, um ihr Wissen zu erweitern.

Auch in der Frauenheilkunde waren die Ärzte am Indus den Ägyptern und Sumerern ein ganzes Stück voraus. Zwar hatten sie eine irrige Vorstellung von der Gebärmutter, aber ansonsten lieferten sie eine genaue Beschreibung des weiblichen Beckens. Und sie wußten ziemlich genau, wie sich das Kind im Mutterleib entwickelt, also wann sich der Körper, die Knochen und so weiter bilden. Wenn wir nun noch erfahren, daß bereits in der zweiten Hälfte des 1. Jahrtausends vor der Zeitrechnung Krankenhäuser gebaut wurden, dann können wir nur respektvoll die Tatsache anerkennen, daß auf dem Gebiet der Medizin schon vor Jahrtausenden ungewöhnliche Leistungen vollbracht worden sind. Es mußten mehr als 600 Jahre vergehen, bevor Basilius der Große (330–379 n. Chr.) erneut Hospitäler gründete. Zuerst Mönch, wurde er im Jahre 370 Bischof von Cäsarea in Kappadokien, einer Landschaft zwischen Taurusgebirge und Schwarzem Meer in der Türkei.

Das Bild der Medizin in der Alten Welt vor einigen tausend Jahren wäre nicht vollständig, wenn versäumt würde, den vierten großen Kulturkreis zu erwähnen – China. Obwohl auch dort Dämonen gleich in Scharen auftraten, war ohne Zweifel echtes Wissen vorhanden.

Schon im 2. Jahrtausend vor der Zeitenwende kämpften die Heilkundigen gegen jene Krankheiten, von denen wir schon hörten. Und doch wurde von den Forschern wiederum etwas Neues entdeckt.
Irgendwann müssen die Ärzte erkannt haben, daß ein Mensch, der die Pocken einmal überstanden hat, kaum ein zweites Mal davon befallen wird. Damit war der nächste Schritt vorgezeichnet. Die Ärzte pulverisierten den Schorf von Pockenblasen Leichterkrankter, der dann von Gesunden mit einer Flüssigkeit eingenommen wurde.
Die Idee der Vorbeugung, also den Körper gegen bestimmte Krankheiten immun zu machen, ist in der Tat zu jener Zeit einzigartig gewesen; dieses Vorgehen ist gleichzusetzen mit einer Schutzimpfung unserer Tage. Die Methode hat sich seit damals nicht geändert, nur das Verfahren. Heute wird der Impfstoff aus dem Blutserum von Tieren gewonnen (Rindern, Pferden, Schafen), die mit den entsprechenden Krankheitserregern infiziert wurden. Das Abwehrsystem der Tiere hat die Erreger abgeschwächt, die nun, in den menschlichen Körper gegeben, keinen Schaden mehr anrichten können. Aber unser Abwehrsystem wird dadurch angeregt, vermehrt Abwehrstoffe zu produzieren, wodurch eine gewisse Immunität erreicht wird.
Als Schrittmacher auf diesem Gebiet sieht man immer noch den englischen Landarzt Doktor Edward Jenner (1749–1823), der im Jahre 1796 die erste Pockenschutzimpfung vornahm. Er ahnte sicher nicht, daß die chinesischen Ärzte die Immunisierung einige tausend Jahre früher schon durchführten. Es ist kaum zu glau-

ben, was die Ärzte in der damaligen Zeit leisteten. Und es erstaunt uns immer wieder, daß sie bereits Mittel anwendeten, die nicht selten erst sehr spät erneut entdeckt werden mußten, um ein wirkungsvolles Medikament in die Hand zu bekommen. So nahmen die chinesischen Heilkundigen schon vor 3500 Jahren Ephedrin, um Husten, Bronchitis und Lungenleiden zu heilen.

Ephedrin ist ein Alkaloid aus der Ephedra sinica, die zur Gattung der Nacktsamer gehört. Dieses Mittel ist dem Adrenalin verwandt, das schon oft seine lebensrettende Wirkung bei Kreislaufschwächen bewiesen hat. Da es für die moderne Medizin unverzichtbar geworden ist, wird es heute auch synthetisch hergestellt und unter dem Handelsnamen ›Suprarenin‹ geführt. Daß die Chinesen Ephedrin bereits vor Tausenden von Jahren anwendeten, kann uns eigentlich nicht mehr überraschen. Erstaunlich ist jedoch die Tatsache, daß die Heilwirkung des Mittels erst Mitte der zwanziger Jahre unseres Jahrhunderts in vollem Umfange von den Ärzten erkannt wurde.

Zu den großen Entdeckungen der Neuzeit gehört die hohe Wirksamkeit von Schweineleber und Schweineblut gegen die Anämie. Diese Krankheit beruht unter anderem auf Eisenmangel. Die Leber und das Blut von Schweinen besitzen davon einen großen Anteil. Wieder einmal mehr mußten die Fachleute verblüfft feststellen, daß auch die Heilkundigen Chinas Leber und Blut von Schweinen gegen dieselbe Krankheit einsetzten.

Aber dann lesen wir plötzlich etwas von Schwalbennestern, die chinesische Ärzte als Stärkungsmittel empfahlen. Das schien wieder ein Rückfall in die Magie zu sein. Doch so absurd war diese Empfehlung gar nicht, wie sich bei späteren Untersuchungen herausstellte. Die Vögel verwendeten nämlich nur bestimmte Gräser zum Nestbau, und die waren besonders vitaminreich. Daß die Ginseng-Wurzel einen festen Platz in der langen Reihe der Heilpflanzen einnahm, muß wohl nicht extra betont werden. Das gleiche gilt für die Akupunktur, deren Anfänge in grauester Vergangenheit liegen. Diese Behandlungsmethode war bei den Ärzten im Westen lange umstritten. Sie glaubten nicht, daß erkrankte Organe wieder heilen, wenn Nadeln aus Gold, Silber oder Stahl in die Haut gestochen werden. Die Forschungsarbeiten des englischen Neurologen Sir Henry Head (1861–1940) zeigten aber, daß es sich um ganz bestimmte Zonen handelte und daß diese ›Headschen Zonen‹ aus demselben Rückenmarksegment versorgt werden wie die des erkrankten Organs. Hier müssen drei Nadeln bis in das Unterhautgewebe gestochen werden. Die Nadeln haben dabei eine bestimmte Aufgabe: Sie sollen kräftigen, beruhigen und die Funktion des erkrankten Organs anregen, wodurch die Heilung eingeleitet wird. Die Akupunktur erfordert jedoch ein jahrelanges Studium, um die genaue Lage der zahlreichen Punkte kennenzulernen. Außerdem muß bekannt sein, welcher Punkt mit welchem Organ in Verbindung steht. Daß dieses Wissen bereits vor Jahrtausenden bekannt war, zeigt uns, wie lange schon und wie intensiv der menschliche Körper beobachtet wurde.

In einer von Göttern und Dämonen durchdrungenen Welt gab es also auch rationales Wissen. Das mußten die Fachleute immer wieder zur Kenntnis nehmen. Und das trifft auch auf die Kulturen in der Neuen Welt zu, in denen Heilkundige Großartiges leisteten. Obwohl der Glaubenseifer christlicher Missionare nahezu alles vernichtete, was die Völker Mittel- und Südamerikas schufen, hat sich dennoch einiges erhalten, woraus sich ein Bild formen läßt. Vor allem sind es die naturalistischen Keramiken der Moche-Kultur, die in Nordperu beheimatet war. Hier wirkten Ärzte, bevor die Inka die Bühne der Weltgeschichte betraten. Und diesen Figürchen ist häufig zu entnehmen, an welchen Krankheiten die Indianer in Peru und sicher auch in Mexiko litten.

Im wesentlichen unterscheiden sich die Leiden nicht von denen in der Alten Welt. Dennoch kam es im neuen Erdteil zu einer sensationellen Entdeckung. Als der Journalist und Amateurarchäologe Ephraim Georges Squier (1821–1888) im Auftrag von Präsident Abraham Lincoln 1862 als Bevollmächtigter der Vereinigten Staaten nach Lima (Peru) ging, befand er sich am Ziel seiner Wünsche, denn Peru wollte er schon seit längerem besuchen. Und hier gelang ihm ein aufsehenerregender Fund.

Squier entdeckte in einem Gräberfeld einen menschlichen Schädel, in dem sich an der linken Stirnseite ein Loch befand. Das außergewöhnliche daran war, daß dieses Loch von keiner Waffe verursacht, sondern daß der Schädel bewußt geöffnet worden war. Es handelte sich also um einen chirurgischen Eingriff, denn an dem

Loch hatte sich wieder neue Knochensubstanz gebildet.

Es ist kaum zu glauben, aber inzwischen sind in Peru Tausende trepanierter Schädel gefunden worden. Und zur Überraschung der Experten entdeckte man sie nicht nur dort, sondern auch in Europa, unter anderem in Portugal, Frankreich, Dänemark, im Kaukasus und in Palästina, auf den Kanarischen Inseln ebenso wie in Afrika. Ja sogar in der Südsee fanden Archäologen Schädel mit diesen Löchern. Trepanationen wurden also rund um den Globus durchgeführt.

Sind allein schon diese Funde spektakulär, so ist die Tatsache, daß mindestens zwei Drittel der so behandelten Menschen den Eingriff überlebten, kaum zu fassen. Denn neue Knochensubstanz bildet sich bekanntlich nur bei lebenden Menschen.

Was aber die Fachleute noch mehr verwunderte und für sie völlig rätselhaft ist: Solche Operationen wurden bereits im Neolithikum durchgeführt, einer Epoche der Erdgeschichte, die in Europa von 40000 bis 10000 v. Chr. währte. Wenn wir jetzt daran denken, daß die Chirurgen der Neuzeit erst in der zweiten Hälfte des vorigen Jahrhunderts wagten, die Schädeldecke eines Menschen zu öffnen, um Tumore zu entfernen, dann müssen wir uns ernsthaft fragen, was wir eigentlich von unseren Ahnen wissen.

Jedenfalls haben wir bei unserem Streifzug durch das Gebiet der frühen Medizin in allen Kulturen ein Wissen angetroffen, das zwiespältig war. Oft wurde zwar die richtige Diagnose gestellt, aber falsch behandelt. Dann wieder folgte auf eine richtige Behandlung eine falsche Diagnose. Das ist, so könnte man jetzt sagen, doch ganz natürlich, denn die Heilkundigen hatten ja noch viel zu lernen. Im Prinzip ist dieser Gedanke durchaus zu akzeptieren. Und doch stimmt an dieser Auffassung etwas nicht.

Das Objekt, an dem der frühe Arzt sein Wissen mehren konnte, also der Mensch, hat sich seit vielen tausend Jahren biologisch nicht verändert. Auch die Krankheiten sind die gleichen geblieben. Folglich hätte das Wissen der Heilkundigen, wie in unserer Zeit, zunehmen müssen. Vieles mußte aber, wie wir hörten, nochmals entdeckt werden, was bedeutet: Die Kenntnisse gingen wieder verloren.

Daraus ergibt sich die Folgerung, daß unsere Ahnen zwar mit dem medizinischen Wissen einer hochentwickelten Kultur konfrontiert wurden, das Überlieferte jedoch nicht immer verstanden. Und da ihnen auch die Methoden der Forschung noch fremd waren, blieb es den Alten versagt, das Überkommene zu festigen. Denn Wissen, das man nicht selber erworben hat, ist wenig dauerhaft.

Die bisherigen Betrachtungen offenbarten uns die Kenntnisse der Ärzte in den Hochkulturen. Aber der Schmerz ist so alt wie der Mensch. Es muß also schon vor diesen Kulturen Heilkundige gegeben haben. Und die gab es auch – bei den Schamanen. Leider ist dieses Wort oft als Zauberpriester gedeutet worden, wodurch der Gedanke an okkulte Riten geweckt wird. Und da häufig falsche Magier ihr Unwesen trieben, hat das Wort für uns keinen guten Klang. Für die echten Schamanen trifft das aber nicht zu. Sie waren, unter anderem, wirkliche Heilkundige. Und sie hatten auch Erfolg, sonst wäre die Menschheit, wie Ivar Lissner einmal sagte, längst ausgestorben. Allerdings wichen ihre Praktiken erheblich von dem ab, was wir unter Heilkunde verstehen. Für die Schamanen war es nicht damit getan, mit einer Mixtur von Kräutern die Krankheit zu vertreiben. Sie versuchten die Ursache zu finden, um eine Wiederkehr des bösen Geistes, der den Menschen befallen hatte, zu verhindern. Deshalb bekleideten sie sich bei ihrer Tätigkeit mit Tierfellen, auf denen allerlei Symbole angebracht waren. Mit Hilfe von Drogen und Tänzen, erreichten sie einen Zustand der Ekstase, wobei die Männer (manchmal waren es auch Frauen) übermenschliche Fähigkeiten und Kräfte erlangten, die sie dann einsetzten, um den Kranken zu helfen.

Nach unserer Auffassung ist solch ein Vorgang nichts weiter als magischer Zauber, der keinerlei Einfluß auf die Genesung haben kann. Aber das ist keineswegs sicher. Wissenschaftler konnten wiederholt solche Männer bei ihren Handlungen beobachten. Und obwohl sie eine geteilte Meinung haben, sind sich die Forscher darin einig, daß dabei irgend etwas geschieht, nur wissen sie nicht, was das ist. Hier scheint sich etwas zu vollziehen, das von keinem modernen Gerät aufgezeichnet werden kann, sondern sich nur dem Geist, der Seele oder beidem mitteilt.

Offenbar spielen die dabei verwendeten Symbole eine Rolle. Auch der Schweizer Psychologe C. G. Jung (1875–1961) schrieb den Symbolen eine außerordentliche Kraft zu, die wie eine Maschine Energie umwan-

deln könnten. Das heißt, der Schamane versuchte, die in jedem Menschen verborgenen psychischen Kräfte freizusetzen, damit sie heilend auf den Organismus einwirken. Modern ausgedrückt: Der Schamane leistete Hilfe zur Selbsthilfe.
Die Magier jener Zeit lebten in und mit der Natur. Für sie war zum Beispiel Hellsehen, das wir heute als übernatürliches Phänomen bezeichnen, eine zur Natur gehörende Erscheinung. Und darin sind sich die Forscher auch einig: Die Schamanen schöpften ihre Kraft aus der Umwelt. Doch zuvor mußten sie einen langen und mühevollen Weg gehen, bis sie zum Medizinmann ihres Stammes wurden.
Auch wir als moderne Menschen sind vom magischen Denken durchdrungen, obwohl uns das meist nicht bewußt ist. Viele besitzen einen Talisman, der im Auto hängt, um den Hals oder am Handgelenk getragen wird. Selbst die Kirche bewahrt und hütet Reliquien, denen man eine besondere Kraft zuschreibt. Das aber ist – ›magisches Denken‹! Zwar sehen wir nicht mehr in jedem Baum einen Geist und in jeder Wasserquelle eine Nymphe, doch haben wir uns in diesem Bereich nicht allzuweit von unseren frühen Ahnen entfernt. Das zeigt sich auch in der neuen Esoterikwelle. Man erinnert sich wieder an das Wissen der Alten und versucht, mit Hilfe der Meditation oder anderer Techniken tiefer in die für uns so geheimnisvollen Regionen vorzudringen. Der Mensch beginnt zu begreifen, daß er, auch heute noch, ein Teil der Natur ist.

Die Kutub-Säule vor den Resten der Großen Moschee von Lal Kot bei Delhi (15)

Mohenjo Daro in Pakistan: Die Zitadelle und das »Große Bad« (im Vordergrund) (16) und das Entwässerungs- und Kanalisationssystem (17)

Innenraum der steinzeitlichen Tempelanlage »Mnajdra« (18) . . .

und ein Tierfries aus dem Tempel Tarxien (19) auf Malta

Bis zu 4 m hoch und über 30 t schwer sind die kolossalen Olmekenköpfe aus La Venta (Mexiko) (20)

Das Observatorium der Mayas (mit spiralförmiger Rampe im Innern) in Chichen Itzá (21)

Kapitel 6

Die kosmische Katastrophe und der Tod einer Zivilisation

Meteore – Himmelsboten aus dem Weltall / Die Feuersäule in Sibirien / Das Trichterfeld um Charleston / Die Folgen des himmlischen Bombardements / Warum starben die Mammute? / Planetoiden, eine ständige Bedrohung / Kann solch ein Ereignis sich wiederholen?

In Kapitel 2 sprachen wir davon, daß bei den Bahamas seit 1968 Unterwasseranlagen entdeckt wurden. Diese Hinterlassenschaften eines unbekannten Volkes sind auf jeden Fall 7000 Jahre alt. Damit haben wir Spuren von einer der ältesten Kulturen vor uns. Da aber die Entstehung megalithischer Anlagen Jahrhunderte in Anspruch nahm, müssen die Reste erheblich älter sein. Außerdem ist nicht anzunehmen, daß diese Kultur mit der Fertigstellung des letzten Bauwerks zugrunde ging. Schon aus dieser Sicht kommen wir auf ein beträchtliches Alter der gefundenen Trümmer.

Nun ist aber auch die Meinung zu hören, daß diese Kultur keineswegs durch eine Katastrophe vernichtet wurde, weil (so wird argumentiert) das Niveau der Meere nach der Eiszeit nur um wenige Zentimeter jährlich stieg. Die Menschen konnten also in aller Ruhe ihre gefährdete Heimat verlassen. Dieser Einwand ist nur bedingt richtig. Natürlich wanderten viele Insulaner in andere Regionen ab, als die Landmasse immer kleiner wurde. Aber noch heute existieren die Bahama-Inseln mit einer Gesamtfläche von rund 14 000 Quadratkilometern. Es mußten also nicht alle Angehörigen dieser Zivilisation evakuiert werden. Momentan leben dort etwa 250 000 Menschen. Ebenso viele hätten demnach einst in ihrer Heimat bleiben können. Da das Wasser einige Jahrtausende brauchte, um in etwa das heutige Niveau zu erreichen, wären die Zurückgebliebenen durchaus in der Lage gewesen, ihre Kultur am Leben zu erhalten, zumal die Verringerung der Menschen nicht abrupt, sondern ebenso langsam erfolgte wie der Wasseranstieg. Und dann könnten wir heute mit Sicherheit auf den Inseln alte megalithische Anlagen finden. Aber das ist nicht der Fall. Außerdem, davon kann man ausgehen, hätten die Auswanderer bald ein neues Zentrum ihrer Kultur geschaffen, denn ihr Wissen und ihr technisches Know-how werden sie wohl kaum zu Hause gelassen haben, als sie ihre Heimat verließen. Solch ein Zentrum wurde aber bisher nicht entdeckt. Die Ursache des Untergangs dürfte also eher eine Katastrophe unvorstellbaren Ausmaßes gewesen sein. Und cs wird sich im folgenden zeigen, daß es tatsächlich eine globale Erschütterung war.

Es wurde schon angedeutet, daß ein kosmischer Körper das Unglück einleitete, der vor 12 000 Jahren die Erde erreichte. Da wir aber, glücklicherweise, den Niedergang eines übergroßen Meteors noch nicht erlebten, können wir uns auch kaum vorstellen, welche Verwüstungen solche Himmelsboten anrichten. Infolgedessen erscheint es uns auch kaum glaubhaft, daß eine ganze Kultur vernichtet werden kann, und das so gründlich, daß nichts von ihr blieb. Deshalb soll zunächst gezeigt werden, welche Energien in diesen kosmischen Bomben stecken.

Der Raum, durch den die Erde schwebt, ist so leer nicht, wie heute noch viele glauben. Unzählige Meteorite kreuzen nämlich die Bahn unseres Planeten. Geraten diese Körper in den Anziehungsbereich der Erde, werden sie vom Gravitationsfeld zum Erdmittelpunkt gelenkt. Obwohl die Gesamtmasse der täglich niedergehenden Körper zwischen 1000 und 10000 Tonnen liegt, erreicht nur ganz selten ein Meteorit die Erdoberfläche.

Die meisten von ihnen sind sehr klein. Ihr Durchmesser beträgt höchstens einige Millimeter. Allerdings: Wenn solch ein Körnchen das Gewicht von etwa einem Gramm hat, dann erleben wir bereits den Effekt, der allgemein als ›Sternschnuppe‹ bezeichnet wird.

Diese Kleinstkörper besitzen eine beachtliche Energie. Immerhin kommen einige von ihnen mit einer mittleren Geschwindigkeit von rund 60 Kilometern in der Sekunde angerast. Das sind 216000 Kilometer in der Stunde. Der Meteorit bräuchte also nur elf Minuten, um die Erde am Äquator zu umrunden. Seine Energie würde ausreichen, 100 Kilogramm auf eine Höhe von 186 Metern zu heben.

Neben diesen Staubteilchen großer Meteoriten gibt es noch etwas größere Körper von 10 bis 100 Millimetern Durchmesser. Sie werden als Bolid oder Feuerkugel bezeichnet. Auch sie bilden keine Gefahr für uns, aber

sie erzeugen eine wesentlich stärkere Lichterscheinung. Bolide können zwar mit einem lauten Donner in der Atmosphäre zerfallen, doch sind derartige Ereignisse schon wieder seltener. Wirklich gefährlich sind jene Meteore, die bis zur Oberfläche unseres Planeten gelangen. Das sind die kosmischen Bomben.
Solch eine ging, als riesige Feuersäule sichtbar, am 30. Juni 1908 in Sibirien nieder. Nach dem Aufschlag lief die Erschütterungswelle (seismische Welle) mehrmals um den Globus. Und man beobachtete danach in Westasien und Europa merkwürdig helle Nächte.
In der Gegend des Schwarzen Meeres konnten die Menschen am 30. Juni um Mitternacht mühelos eine Zeitung lesen. Doch erst 1927 startete eine Expedition unter der Leitung des russischen Astronomen Kulik, um die Stätte des Meteoreinschlags zu untersuchen.
Was entdeckten die Forscher?
Die Bäume lagen, schrieb Kulik in seinem Bericht, im Umkreis von 60 Meilen (96,5 Kilometern) wie abrasiert mit den Spitzen nach außen am Boden. Im Umkreis von 20 Kilometern war sogar die Erde verbrannt. Mehr als 4000 Quadratkilometer Land waren verwüstet! Kurz – hier schien sich die Hölle entfesselt zu haben. Ein Vergleich dazu: Berlin (West und Ost), immer noch die größte Stadt Deutschlands, nimmt eine Fläche von 883 Quadratkilometern ein. Das verwüstete Areal in Sibirien war also mehr als viermal so groß wie diese Stadt. Mit einem Schlag wären einige Millionen Menschen getötet worden, hätte der Meteor seinen Flug in Berlin beendet. Dabei hatte der Körper kaum mehr als 90 Meter Durchmesser und ein Ge-

wicht von einer Million Tonnen. Die Schäden, verursacht von einem relativ kleinen Meteor, sind also beträchtlich.

Welche Energien werden dabei freigesetzt? Als Beispiel soll der Barringer-Krater in Arizona (USA) dienen. Dort hat ein gewaltiger Koloß von (nach Schätzungen von Fachleuten) ungefähr 150 Metern Durchmesser und zehn Millionen Tonnen Gewicht ein Loch in die Erdkruste gestanzt. Noch heute hat der Krater, der vermutlich vor 40000 Jahren entstanden ist, einen Durchmesser von 1200 Metern und ist rund 180 Meter tief. Die Geschwindigkeit des Projektils wird mit 15 Kilometern in der Sekunde angenommen, als es sich ins Erdreich grub. Das sind immerhin 54000 Kilometer in der Stunde.

Diese Daten ergeben erstaunliche Zahlenwerte, obwohl die umgeformte Bewegungsenergie (kinetische Energie) in Bruchteilen von Sekunden verpuffte. Wenn die Energie eines Kleinmeteoriten von einem Gramm Gewicht 100 Kilogramm auf eine Höhe von 186 Metern anheben kann, wie lang wäre dann wohl der Weg, wenn diese 100 Kilogramm mit der Energie des Barringer-Meteors bewegt würden? Nun – sie könnten 782mal zwischen Erde und Sonne hin und her fliegen, also 391mal hin und ebensooft zurück. (Die mittlere Entfernung Erde – Sonne beträgt 149,6 Millionen Kilometer.)

Wäre es möglich, die freigewordenen Kräfte eines Meteors zu speichern und in die gewünschte Energieart umzuwandeln, dann hätte die Energie des Barringer-Meteors die gesamte Bundesrepublik Deutschland rund zweieinhalb Tage lang versorgen können, wenn der Energieverbrauch von 1980 zugrunde gelegt wird. Eine Stadt mit 50 000 Haushalten und einem Stromverbrauch von 800 Kilowattstunden im Monat je Haushalt wäre über 66 Jahre lang von einem Elektrizitätswerk unabhängig. Und ein einzelner Haushalt mit demselben Stromverbrauch pro Monat müßte erst nach über drei Millionen Jahren an ein Netz angeschlossen werden.

Die Energien, die in den kosmischen Bomben stecken, sind also gewaltig. Der Barringer-Meteor ist jedoch keineswegs der größte gewesen, der eine Narbe in der Erdkruste hinterließ. Im Nordwesten der Halbinsel Ungava in der kanadischen Provinz Quebec wurde ein Krater entdeckt, der einen Durchmesser von 3340 Metern hat und 361 Meter tief ist. Ebenfalls in Kanada, Nord-Saskatschewan, gibt es einen Krater, dessen Durchmesser 9,5 Kilometer beträgt. Und das sich bei Nördlingen (Süddeutschland) ausdehnende Becken entstand vor langer Zeit ebenfalls infolge eines Meteoreinschlags. Runde 24 Kilometer mißt der Durchmesser. Um den Kraterboden zu erreichen, müßte man etwa 5000 Meter tief graben.

Bevor wir uns wieder den Ereignissen zuwenden, die sich vor etwa 12 000 Jahren abspielten und eine hochstehende Kultur vernichteten, muß noch ein weiterer Punkt geklärt werden. Wir müssen nämlich fragen, warum bislang kein größerer Meteor gefunden wurde (der bisher größte entdeckte Eisenmeteorit in Hoba, Südafrika, wiegt 60 Tonnen).

Die Antwort: Beim Aufschlag wird in wenigen Augen-

blicken die Bewegungsenergie in Wärme umgewandelt. Dabei entstehen derart hohe Temperaturen, daß sie den Körper vollständig verdampfen lassen. Bestenfalls finden sich noch einige Splitter von dem Eindringling. Kleinere Meteore besitzen eine geringere Energie und ›überleben‹ deshalb den Zusammenprall mit der Erde. Entscheidend hierbei ist, mit welcher Geschwindigkeit die Masse des Meteors in den Boden schlägt.
Zur Erinnerung: Der Boden in Sibirien war im Umkreis von 20 Kilometern verbrannt. Und der Körper hatte, darauf soll noch einmal hingewiesen werden, nur 90 Meter Durchmesser. Jetzt können wir uns bestimmt vorstellen, was geschieht, wenn sich ein Planetoid die Erde als Ziel ausgesucht hat. Solch ein Monster erreichte unseren Planeten vor ungefähr 12000 Jahren, vielleicht auch ein wenig früher oder später. Entsprechende Rückschlüsse erlauben die entdeckten Einschlaglöcher.
Bei einer im Jahre 1931 durchgeführten Landvermessung wurde in Süd-Carolina (USA) zufällig ein riesiges Trichterfeld entdeckt.
Dort war ein wahres Bombardement von Meteoriten niedergegangen. Das Einschlaggebiet bildet eine gewaltige Ellipse. Aber nur ein Drittel davon befindet sich, um die Stadt Charleston verteilt, auf dem Festland, wo 3000 Krater von 400 bis 1600 Metern Länge, sich manchmal überschneidend, gezählt wurden. Der größte Teil des betroffenen Areals liegt unter dem Meeresspiegel des Atlantiks. Die in Mitleidenschaft gezogene Fläche, auf der sich insgesamt 9000 Krater befinden, muß demnach rund 200000 Quadratkilome-

ter groß sein. Im Vergleich dazu: Die Fläche der Bundesrepublik Deutschland beträgt 248 587 Quadratkilometer, ist also nur wenig größer als das Einschlaggebiet des Meteors. Würde heute solch ein Weltraumgigant bei uns niedergehen, wäre danach halb Europa menschenleer.
Versuchen wir nun eine Rekonstruktion des damaligen Ereignisses. Bei dem Flug durch die Lufthülle wurde der Eindringling auf einige tausend Grad erwärmt, wodurch der äußere Steinmantel abgesprengt wurde und sich in zahlreiche Stücke auflöste. Während der Kern seine Richtung behielt, veränderte sich die Flugbahn der kleineren Körper und wurde steiler. Naturgemäß müssen sich daher ihre Einschlaglöcher (Trichterfeld) vor dem vom Kern verursachten Loch befinden. Das ist tatsächlich der Fall. Verlängert man nämlich die lange Achse des elliptischen Einschlaggebietes, trifft sie auf zwei Tiefseelöcher, die ebenfalls, wie die Krater auf dem Land, von Nordwesten nach Südosten verlaufen. Diese beiden Tiefseelöcher haben keine tektonische Erklärung. Bevor der Kern in die Fluten tauchte, muß er sich infolge der enormen Reibungshitze noch einmal gespaltet haben.
Der Körper kam im spitzen Winkel angeflogen. Das ist den Kratern auf dem Festland zu entnehmen, die länglich und nicht rund sind. Fast alle haben im Südosten einen Wall. Als sich die Teilstücke des Steinmaterials in den Boden gruben, türmten sie in Flugrichtung das Erdreich auf. Das bedeutet: Sie kamen nicht senkrecht von oben, was die Regel ist, sondern im spitzen Winkel aus Nordwesten angeflogen. Die Ge-

schwindigkeit muß demnach sehr hoch gewesen sein, denn unser Planet dreht sich von West nach Ost; der Meteor überholte also die Erde. Die hohe Geschwindigkeit ist auch daran zu erkennen, daß das Gravitationsfeld der Erde den Körper nicht zum Erdmittelpunkt lenken konnte, sonst wären die Krater rund gewesen. Der Weg durch die Atmosphäre war dadurch lang. Anschließend überwanden beide Kernhälften infolge ihres schrägen Fluges eine Wassersäule von ungefähr 8000 Metern (die ermittelte Meerestiefe bei den Einschlaglöchern beträgt rund 5000 Meter) und stampften dann noch ein mehrere tausend Meter tiefes Loch in den Meeresboden.

Die wie von Riesenfäusten erfolgten Schläge können nicht ohne Auswirkungen geblieben sein. Wenden wir deshalb zunächst unser Augenmerk dem Himmelsboten zu. Etwa die Hälfte der 3000 Löcher auf dem Festland ist ungefähr 400 Meter lang. Etwas mehr als 100 haben eine Länge von 1600 Metern, und einige sind sogar über 2000 Meter lang. Die Breite der Mulden reicht von wenigen Metern bis zu etwa 600 Metern und manchmal noch darüber. Die Gegend um Charleston (von dort kommt übrigens der gleichnamige Tanz her) ist eine Sumpflandschaft. Deshalb bildeten sich auch nur Mulden und keine Krater.

Mit Sicherheit hatten die ankommenden Projektile eine unregelmäßige Gestalt, die jedoch während des Fluges durch die Atmosphäre infolge der Reibung und der damit verbundenen Erwärmung auf einige tausend Grad annähernd Kugelform annahmen. Daher soll der Einfachheit halber angenommen werden, daß runde

Körper in den Boden schlugen. Gehen wir vom Trichterfeld aus, dann müßte der mittlere Durchmesser der in den Boden gerasten Kugeln rund 400 Meter betragen haben. Somit hatte jedes der einschlagenden Meteorstücke ein Volumen von über 33 Millionen Kubikmetern. Bei 9000 Teilstücken betrug das Volumen des Steinmantels 300 Milliarden Kubikmeter. Und alles zusammen wog etwa 855 Milliarden Tonnen.

Die beiden Kernhälften bestanden vermutlich aus Nikkeleisen, wie die meisten der bisher gefundenen Eisenmeteorite. Demnach muß der Kern mindestens das gleiche Gewicht wie der Steinmantel gehabt haben. Damit betrug das Gesamtvolumen des Meteors 404 Milliarden Kubikmeter und das Gesamtgewicht nahezu zwei Billionen Tonnen. Dagegen war der Sibirien-Meteor von 1908 mit seinen 90 Metern Durchmesser und einer Million Tonnen Gewicht ein unbedeutender Winzling. Der Durchmesser des Eindringlings von Carolina betrug nämlich rund zehn Kilometer, bevor sich der Steinmantel vom Kern löste. Führen wir uns noch einmal die Zerstörungen des Meteors in Sibirien vor Augen, dann können wir zumindest ahnen, welche grauenhaften Verwüstungen der Carolina-Meteor anrichtete.

Wie überstand die Erde diese Schläge?

Bekanntlich dreht sich unser Planet um eine gedachte Achse. Die Erde hat also einen Drehimpuls. Infolge ihrer großen Masse ist er aber einige billiardenmal größer gewesen als der erfolgte Kraftstoß des Meteors. Die Drehung wurde daher nicht beeinflußt. Jeder Körper besitzt auch ein Trägheitsmoment. Es sorgt dafür,

daß sich der Körper jeder von außen kommenden Krafteinwirkung widersetzt. Das heißt: Jeder Körper, also auch die Erde, will den Zustand erhalten, in dem er sich gerade befindet. Dazu ein Beispiel: Sitzen wir in einem Auto und fahren zügig an, ist deutlich zu spüren, wie wir in den Sitz gedrückt werden. Dies geschieht, weil unser Körper den Zustand der Nicht-Bewegung erhalten möchte. Wird der Wagen scharf abgebremst, beugen wir uns nach vorn. Diesmal will der Körper den Zustand der Bewegung erhalten. Mit dem Nach-vorn- und dem Nach-hinten-Beugen gleichen wir die Zustandsänderungen aus.
Das Trägheitsmoment unseres Planeten ist aber ebenfalls um ein Vielfaches größer als der vom Himmelskörper ausgelöste Schlag. Die Erde wurde also weder aus ihrer Bahn geworfen, noch erfolgte eine Beeinflussung der Rotation. Aber wo ist dann die Energie des Meteors geblieben?
Einem Axiom der Physik zufolge kann Energie nicht spurlos verschwinden, sondern nur von einer Energieart in eine andere umgewandelt werden. Um diesen Vorgang zu verdeutlichen, schnell noch ein Beispiel: Trifft eine rollende Billardkugel auf eine ruhende, dann bleibt die ankommende nach dem Zusammenprall liegen, und die vorher ruhende Kugel läuft nun mit der Energie der anderen weiter. Soviel zum Kraftstoß oder Impuls.
Unser Planet blieb jedoch, wie wir wissen, in seiner Bahn. Und auch die Drehung änderte sich nicht, weil die Erde genauso reagierte wie wir im Auto – sie wich aus, das heißt: die Erdachse kippte! Um wieviel Grad,

ist schwer zu sagen. Tatsache ist: Die Rotationsachse taumelt heute noch.
Diese Präzession wird zwar auch durch die Gravitationskräfte von Sonne und Mond, zum geringen Teil noch von den anderen Planeten, verursacht, aber das allein kann nicht die Ursache sein, denn das Torkeln nimmt ab, und zwar im Jahrhundert um 46,8 Gradsekunden. Damit ist in jedem Falle klar: Wenn das Taumeln der Erde abnimmt, dann muß die Bewegung in früheren Zeiten größer gewesen sein. Den Grund hierfür kennen wir nun.
Die Achse schwankt, wie schon im Zusammenhang mit der Cheops-Pyramide gesagt, um etwa sieben Grad. Nach 7692 Jahren wird der Ausschlag nur noch sechs Grad betragen. Das wird so lange weitergehen, bis die alte Winkelstellung wiederhergestellt ist und nur noch die Kräfte von Sonne und Mond an unserem Planeten zerren. Die Erde überstand also den Angriff aus dem All ohne schwerwiegende Folgen. Was aber geschah auf ihrer Oberfläche?
Unglücklicherweise trafen die beiden Kernhälften eine Schwachstelle in der Erdkruste. Eine ging vor der Nordatlantischen Schwelle (Nordamerikanisches Bekken) nieder, die andere schlug dahinter ein (Kapverdisches Becken). Die Mittelozeanischen Rücken sind die Produzenten neuen Erdmaterials. Hier wird ständig Magma nach oben gedrückt, wandert zu den Festlandsockeln und taucht dort wieder ab, um erneut aufzuschmelzen. Das bedeutet: Solche Schwellen bilden die Grenze zwischen zwei Lithosphären. Der Gesteinsmantel ist hier also nicht nahtlos beziehungsweise nur

unvollständig geschlossen. Das bezeugen auch einige tausend unterseeische Beben im Jahr. Und genau dort beendete der Meteor seinen Flug. Die Erde mußte also drei ungeheure, wuchtige Schläge hinnehmen. Der Ozeanboden wurde an seiner Nahtstelle aufgerissen. Meerwasser drang in das Magma, und es kam kurz darauf zu einer gewaltigen Eruption, die sicher in ihrer Wirkung noch verheerender war als der Einschlag beider Kernhälften.

Schon beim Eintauchen in die Fluten erzeugten die Körper gigantische Flutwellen. Die sich anschließende untermeerische Detonation muß Wellenberge von nicht vorstellbaren Ausmaßen hervorgebracht haben. Wenn beim Vulkanausbruch auf Santorin um 1500 v. Chr. eine etwa 1500 Meter hohe Flutwelle angenommen wird, dann muß bei der Atlantikkatastrophe das Wasser einige Kilometer hoch gestiegen sein. Davon blieb weder eine Insel noch eine Küste rund um den Atlantischen Ozean verschont. Auch das Mittelmeer bekam mit Sicherheit seinen Teil ab.

(Es ist denkbar, daß dadurch die Meerenge von Gibraltar auf die heutige Breite vergrößert wurde. Die Wissenschaftler glauben nämlich, daß diese Durchfahrt in früheren Zeiten enger war. Das würde erklären, warum im ägyptischen Totenbuch die Durchfahrt als ›gefährliche Hörner‹ bezeichnet wird.)

Mit den Flutwellen begann jedoch erst das Chaos. Infolge der wuchtigen Schläge wurden alle um den Atlantik gelegenen Vulkane aktiv, die ungeheure Mengen Staub in die Atmosphäre bliesen. Dort verband er sich mit dem nach oben geschleuderten, aber jetzt fein verteilten Wasser, und es kam bald darauf zu einem lang anhaltenden Schlammregen. In den weiter entfernten Teilen der Welt mag nicht mehr so viel Vulkanasche in den Wolken enthalten gewesen sein, doch es dürfte monatelang geregnet haben.

Das war die uns überlieferte weltweite Sintflut. Und das deckt sich auch mit den Ereignissen aus der Vorgeschichte.

Wir haben gehört, daß die Menschen vor etwa 10 000 Jahren von den Bergen herunterkamen. Das war zunächst unverständlich, denn der Homo sapiens lebte in den Epochen davor im Freiland. Nur an der Eisgrenze wohnte der Mensch, und das auch nicht immer, in Höhlen. Jetzt wird klar, warum. Bei einer Überschwemmung flüchtet niemand in den Keller, sondern rettet sich aufs Dach. Unsere Vorfahren suchten also Schutz in den Bergen, als der lang anhaltende Regen einsetzte.

Nach dieser globalen Katastrophe kann es ungefähr 2000 Jahre gedauert haben, bis sich die Natur beruhigt hatte. Die Altvorderen faßten Mut und verließen ihre Unterkünfte in den Bergen. Und damit begann die zweite Entwicklung der Menschheit.

Die Bahamas sind von der Stadt Charleston (Luftlinie) etwa 900 Kilometer und vom Einschlaggebiet der ersten Kernhälfte rund 1400 Kilometer entfernt. Die Inseln wurden also von mehreren Flutwellen überrollt. Das allein muß bereits eine völlige Vernichtung der Kultur zur Folge gehabt haben.

Die Flutwelle beim Ausbruch des Krakatau im Jahre 1883 war nur etwa 100 Meter hoch. Aber das reichte

aus, 36000 Menschen zu töten, 295 Ortschaften zu zerstören, 5000 Schiffe zu vernichten oder zu beschädigen und ein holländisches Kriegsschiff drei Kilometer landeinwärts zu schleudern.
Was nach den kilometerhohen Flutwellen bei der Atlantikkatastrophe noch übrigblieb, kann sich jeder selbst ausmalen.
Offenbar ist die Region rund um die Bahamas infolge des Ereignisses auch abgesunken, denn es sollen sich noch Bauwerke in einigen hundert Metern Tiefe auf dem Meeresgrund befinden. Das Absinken von Land läßt erkennen, welche verheerenden Folgen der Niedergang dieses Meteors hatte.
Es soll der Phantasie des einzelnen überlassen bleiben, sich vorzustellen, was sich damals rund um den Atlantik abspielte. Auf alle Fälle muß ein Ereignis dieser Größenordnung weitere Spuren hinterlassen haben. Es ist anzunehmen, daß in entfernteren Gebieten die Katastrophe von den Menschen zwar weniger dramatisch, aber doch miterlebt wurde. Die Ankunft des Himmelskörpers muß also in anderen Teilen der Welt ebenfalls beträchtliche Erschütterungen ausgelöst haben. Das bezeugen unter anderem die vielen Sintflut-Geschichten.
Mit Sicherheit aber machte sich das Kippen der Erdachse überall auf dem Globus bemerkbar. Dazu können wir alten Quellen einiges entnehmen, so zum Beispiel auch dem Werk des spanischen Franziskaners Bernhardino de Sahagun (1498–1590). Sahagun wurde ab 1529 in Mexiko als Missionar tätig. Nebenbei sammelte er später die alten Überlieferungen der Urein-

wohner, um sie der Nachwelt zu erhalten. Sein Hauptwerk, ›Historia General de las cosas de la Nueva España‹ (Allgemeine Geschichte der Angelegenheiten von Neuspanien) in Aztekisch und Spanisch, ist heute die wichtigste Quelle für die Erforschung der Kulturen und Sprachen Altmexikos. Aus diesem Werk erfahren wir, daß zur Zeit einer verheerenden Naturkatastrophe die Sonne nur wenig über dem Horizont erschien und dann stehenblieb. Auch der Mond bewegte sich nicht mehr.

Dieses Ereignis muß sich natürlich auf der ganzen Welt bemerkbar gemacht haben. Und tatsächlich gibt es dazu eine Reihe von Überlieferungen. Doch soll hier nur eine erwähnt werden. Wir finden sie in der Bibel. Dort heißt es: »Also stand die Sonne mitten am Himmel und verzog unterzugehen beinahe den ganzen Tag« (Josua 10; 13).

Wenn die Sonne in Mexiko gerade über dem Horizont aufgegangen war und dort stehenblieb, dann könnte es etwa sechs Uhr morgens gewesen sein. Demnach war es im Nahen Osten etwa 14 Uhr nachmittags. Die Sonne stand dann tatsächlich ungefähr in der Mitte des Himmels. Und da beide Berichte offenbar dasselbe Ereignis schildern, haben wir einen Anhaltspunkt dafür, zu welcher Tageszeit der Meteor die Erde erreichte. Das Unglück muß sich dann im westlichen Atlantik in den frühen Morgenstunden ereignet haben.

Der mögliche Einwand, der im Buch der Bücher erwähnte Bericht könne nicht das gleiche Geschehen meinen, weil Teile der Bibel erst um 1200 v. Chr. zusammengestellt wurden, wäre nicht korrekt, denn die

biblischen Texte sind wesentlich älter. Außerdem wurden die anderen Überlieferungen auch erst später niedergeschrieben.
Es dürfte wohl klar sein: Das Verharren unseres Zentralgestirns und des Mondes an einem Ort kann nur auf das Kippen der Erdachse zurückgeführt werden. Und solch ein Vorgang ist in geschichtlicher Zeit nicht beobachtet worden.
Die alten Zeugnisse sind zu eindeutig und zu häufig, um sie als Phantasieprodukte begabter Schreiber abzulehnen, denn auch die Nachwirkungen des Unglücks werden recht eindrucksvoll geschildert. Da heißt es in der Bibel: »Denn die Fenster in der Höhe sind aufgetan, und die Grundfesten der Erde beben. Es wird die Erde mit Krachen zerbrechen, zerbersten und zerfallen. Die Erde wird taumeln wie ein Trunkener und wird hin und her geworfen wie ein Hängebett« (Jesaja 24; 18–20). Und in der Apokalypse des Johannes lesen wir: »Und die Sterne des Himmels fielen auf die Erde, gleichwie ein Feigenbaum seine Feigen abwirft, wenn er vom großen Wind bewegt wird. Und der Himmel entwich wie ein zusammengerolltes Buch; und alle Berge und Inseln wurden bewegt aus ihren Örtern« (Offb. 6; 13, 14).
Im Papyrus Ipuwer (Ägypten) wird erzählt, daß sich die Erde wie eine Töpferscheibe drehte. Und in der Völuspa aus der altgermanischen Göttersammlung ›Die Edda‹ heißt es: »Die Sonne verlischt, das Land sinkt ins Meer; vom Himmel stürzen die heitern Sterne. Lohe umtost den Lebensnährer (Sonne); hohe Hitze steigt himmelan« (Der Seherin Gesicht, Vers 49).

Auch zu den Vulkanausbrüchen gibt es einige Hinweise. Im Popol Vuh, dem Buch des Rates der Maya, heißt es über die Vernichtung der Menschen: »... darum wurden sie getötet, wurden sie ertränkt. Flüssiges Harz troff vom Himmel.« Das flüssige Harz war nichts anderes als die ausgestoßene Lava der Vulkane. Nach Ansicht der Forscher entstand das Popol Vuh inmitten der Vulkankette Guatemalas. Deshalb auch die Erwähnung des ›flüssigen Harzes‹. Da aber das ›flüssige Harz‹ im Zusammenhang mit einer Weltkatastrophe genannt wird, kann es sich nicht um den Ausbruch von ein oder zwei Vulkanen gehandelt haben. Es müssen alle feuerspeienden Berge rund um den Atlantik tätig geworden sein, als die kosmische Bombe einschlug. Das wird auch von der Entdeckung des Geophysikers Piggot bestätigt. Er holte Bodenproben aus dem Atlantik nach oben, die immer wieder zwei Stellen im Material zeigten, in denen Vulkanasche besonders stark vertreten war. Professor Petterson meint dazu, daß die obere Zone der Bodenproben in die postglaziale (nacheiszeitliche) Epoche fällt, also ungefähr 12000 Jahre alt ist. Die Datierung der Proben deckt sich also mit der des Niedergangs des Himmelskörpers.

Aber auch die nach oben geschleuderten Staubmengen der Vulkane müssen ihre Auswirkungen gehabt haben. Im Popol Vuh können wir nachlesen: »Darum verdunkelte sich das Antlitz der Erde, und es begann ein schwarzer Regen, Tagregen, Nachtregen.« Es regnete also Tag und Nacht. Und der ›schwarze Regen‹ deutet darauf hin, daß es sich um eine Art Schlammregen gehandelt haben muß. Im Gilgamesch-Epos ist von schwarzen Wolken und schweren Stürmen die Rede. Dieses Epos hat seinen Ursprung in Mesopotamien, auf der anderen Seite der Weltkugel. Und die Bibel schreibt: »... und siehe, da ward ein großes Erdbeben, und die Sonne ward schwarz wie ein härener Sack, und der Mond ward wie Blut« (Offb. 6; 12). Es wurde danach dunkel auf der Erde, und diese Dunkelheit muß viele Jahrhunderte angehalten haben, denn im Buch des Rates wird immer wieder über die ›Dämmerung‹ geklagt. Offenbar herrschte nur ein diffuses Licht. Da lesen wir unter anderem: »Unsere Vorfahren, Mütter und Väter, hatten noch keine Bilder aus Holz oder Stein zum Anbeten. Aber sie waren müde vom Warten auf die Sonne.«

Für uns sind das nur Überlieferungen, die uns kaum etwas davon vermitteln, wie es damals wirklich gewesen ist, denn wir haben derartiges noch nicht erlebt. Aber wir bekommen vielleicht eine blasse Vorstellung davon, wenn wir hören, daß beim Ausbruch des Krakatau die Sonneneinstrahlung von den ausgestoßenen Aschewolken wochenlang behindert wurde. Noch Monate danach kam es zu merkwürdigen Dämmerungserscheinungen, bei denen die Sonne und der Mond die Farben Rot, Grün und Blau annahmen. Und das waren nur die Rückstände *eines* Vulkans! Heute sind noch 53 Vulkane rund um den Atlantik aktiv. Mit Sicherheit waren es damals nicht weniger. Folglich müssen die Auswirkungen um ein Vielfaches größer gewesen sein.

Hat es vielleicht eine tiefere Bedeutung, wenn die

Nordgermanen das Totenreich ›Nifelheim‹ (Nebelheim) nannten?
Dieses Dämmerlicht blieb natürlich nicht ohne Folgen für die Pflanzenwelt, die ja vom Sonnenlicht abhängig ist. Damit wurde der Kreislauf der Natur gestört, denn von den Pflanzen leben die Tiere, und von denen wiederum der Mensch. Wer also überlebt hatte, wanderte aus den betroffenen Gebieten ab.
Die spärlichen Funde an Artefakten aus der Epoche zwischen 12000 und 5000 v. Chr. ließen deshalb auch die Theorie entstehen, Europa sei erst 5000 Jahre vor der Zeitrechnung vom Osten her besiedelt worden. Mittlerweile ist aber in Europa eine Vielzahl von Werkzeugen gefunden worden, die Menschen zwischen 30000 und 12000 v. Chr. anfertigten. Danach werden die Funde spärlicher. Das zeigen unter anderem die Fundstätten in der Höhle Vallonet (französische Seealpen) oder die von Prezletice bei Prag. Sie haben ein Alter von etwa 890000 Jahren.
Die neueste Entdeckung bei Scharzfeld im Harz (100000 Jahre) sowie das bei Salzgitter-Lebenstedt entdeckte Jägerlager, ebenfalls 100000 Jahre alt, zeigen uns, daß der europäische Raum relativ dicht besiedelt war. Bei einer Million Jahre menschlicher Entwicklung in Europa ist das auch zu erwarten. Wenn dann plötzlich eine Leere auftritt, weist dies schon allein auf eine gravierende Lebensstörung hin.
Das deckt sich also gut mit dem, was in den Mythen steht. Den Überlebenden war die Sonne aus früheren Zeiten bekannt, zumindest aus Überlieferungen. Das wird in den schriftlichen Quellen immer wieder ge-

sagt. Doch dann kam die große Finsternis. Wenn die Ahnen der Maya noch keine Holz- und Steinbilder ihrer Götter besaßen, dann kann daraus auf ein hohes Alter der Mythen geschlossen werden. Aber dann folgt im Popol Vuh etwas sehr Interessantes, das nicht unerwähnt bleiben darf. Es heißt da: »Endlich dann dämmerte es, und Sonne, Mond und Sterne erschienen. So wurde Licht durch Sonne, Mond und Sterne. Da holten sie den Weihrauch hervor, den sie aus dem Osten für diese Stunde mitgebracht hatten.« Die Überlebenden wußten also, daß die Sonne irgendwann einmal wieder scheinen würde, denn nur aus diesem Grund hatten sie den Weihrauch mitgenommen.
Ihre Überzeugung, die Lichtspenderin werde eines Tages wieder am Himmel stehen, läßt vermuten, daß sie dann auch wußten, wodurch die Sonne verschwunden war. Eine hochentwickelte Kultur wird mit hoher Wahrscheinlichkeit den nahenden Unglücksboten aus dem All beobachtet haben. Nur ist diese Zivilisation ebenso wehrlos gewesen, wie wir es heute wären.
Bemerkenswert ist aber noch der Hinweis ›aus dem Osten‹. Die Bahamas liegen, von Mittelamerika aus gesehen, im Osten. Mehr dazu im nächsten Kapitel.
Rund um den Globus war also die Natur in Aufruhr, und die Menschen beobachteten voller Unruhe, wie sich ihre Umwelt veränderte. Natürlich begriffen die Nomaden nicht, was sich da abspielte. Nur die Götter konnten dafür verantwortlich sein. Vielleicht führten sie einen Krieg? Eine griechische Überlieferung beschreibt es so: Der Kampf entbrannte. Giganten bedrohten den Himmel, indem sie Felsen nach oben

schleuderten. Zeus antwortete mit seinem Blitz. Poseidon griff zu seinem Dreizack. Auch Athene, Tochter des Zeus, schleuderte Blitze gegen die Giganten.
Bei den Tamilen (Indien) finden wir eine ähnliche Geschichte: Die Sonne muß sich eines Angriffes erwehren, unterliegt aber und verschwindet daraufhin für lange Zeit.
Es gab jedoch Regionen, in denen offenbar nichts oder nur wenig geschah. Das können wir zum Beispiel dem biblischen Sintflut-Bericht entnehmen. Dort lesen wir im 1. Buch Mose, wie Noah gegen Ende der Flut zunächst einen Raben fliegen läßt, der jedoch zu ihm zurückkehrt. Es folgt dann etwas später eine Taube, die ebenfalls kein trockenes Land findet. Noah läßt nochmals einige Tage verstreichen und setzt wiederum eine Taube aus: »Die kam zur Abendzeit, und siehe, ein Ölblatt hatte sie abgebrochen und trug's in ihrem Munde. Da merkte Noah, daß das Gewässer gefallen wäre auf Erden« (8; 11). Die Sintflut begann, der Bibel zufolge, am 17. Tag des zweiten Monats. Und ›am ersten Tag des zehnten Monats sahen der Berge Spitzen hervor‹. Aber erst am 27. Tag des zweiten Monats war die Erde trocken. Die Sintflut dauerte also ein Jahr.
Woher aber kam der Ölbaum? Wenn die Taube ein Blatt abbrechen konnte, dann muß der Baum auch irgendwo gestanden haben. Da er nach solch einem Ereignis wie der Sintflut nicht in wenigen Tagen gewachsen sein kann, hat demnach die globale Erschütterung nicht überall die gleichen Auswirkungen gehabt. Es gab also auch Oasen der Ruhe.
Noah landete mit seiner Arche am Ararat, einem 5156

Meter hohen Berg im östlichen Teil der Türkei, nicht weit von der sowjetischen Grenze entfernt. Möglich, daß vom Taurus-Gebirge (dazu gehören mächtige Berge von nahezu 4000 Metern) die ankommenden Störungen abgehalten wurden. Es ist also denkbar, daß im heutigen Aserbeidschan und hinter dem Kaspischen Meer in Turkmenistan (beides Sowjetunion) die Menschen kaum oder gar nichts von der Katastrophe merkten. Sie werden sich aber über den veränderten Aufgang der Sonne und des Mondes wie auch über die verschobenen Stellungen der Sternbilder gewundert haben. Die Mythen aus diesem Erdteil müßten einiges darüber aussagen können. Aus China ist uns folgende Überlieferung bekannt: Das Ungeheuer Kong-kong kämpfte eines Tages mit dem Herrscher Tchuan-hiu um den Kaisertitel, wurde aber in diesem Kampf besiegt. Aus Wut über diese Niederlage nahm das Ungeheuer den Berg Pu-tchen auf seine Hörner. Dadurch zerbrach eine Himmelssäule, und der Himmel senkte sich. Infolge dieser Neigung verschoben sich auch die Bahnen der Sonne, des Mondes und der Sterne.

Die Geschichte liest sich zwar wie ein Märchen, drückt doch aber treffsicher aus, was damals geschah. Dieser kleine Auszug aus den Überlieferungen soll genügen. Er hat gezeigt, daß die Katastrophe nicht überall mit der gleichen Härte zuschlug. Aber die Schilderungen bestätigen das globale Ereignis. Wenn wir jetzt noch wissenschaftlich gesicherte Fakten entdecken, dürfte das Unglück wohl kaum in Frage stehen. Die Bodenproben des Geophysikers Piggot können als erstes Glied in der Beweiskette angeführt werden. Ferner haben wir weiter oben ermittelt, daß die Rotationsachse der Erde aus ihrer Stellung kippte. Es ist klar, daß die Pole dann ihre Lage veränderten. Sie wanderten also an den heutigen Ort. Erinnern wir uns auch daran, daß die Piri-Reis- und die Philippe-Buache-Karte eine eisfreie Antarktis zeigen.

Auf jeden Fall muß die Polwanderung Folgen gehabt haben. In Alaska und Nordsibirien finden wir sie. Dort wurden, auch heute noch, Hunderte von Mammutkadavern entdeckt, die allerdings einige Rätsel beinhalten. Bekannt geworden ist ein Fund, der 1902 am Ufer der Beresowka gemacht wurde. Hier sitzt das Mammut auf dem Boden. Offenbar knickten hinten die Beine ein, während der übrige Körper von den Vorderbeinen abgestützt wird. Im Magen gefundene Pflanzen waren noch unverdaut. Für die Fachleute ist das eine unfaßbare Tatsache, denn der Tod muß so schnell eingetreten sein, daß nicht einmal die Zeit blieb, die aufgenommene Nahrung zu verdauen.

Es besteht Einigkeit darin, daß die Tiere erfroren. Wenn aber die Mammute den Kältetod fanden, so kann das nur innerhalb kürzester Zeit geschehen sein, sonst hätte man heute nur noch die Knochen gefunden. Viele der Riesentiere sind jedoch vollkommen erhalten. Und das Beresowka-Mammut hatte sogar noch Butterblumen im Maul. Diese Pflanze benötigt aber gemäßigte Lebensbedingungen. Folglich trat urplötzlich eine Klimaveränderung ein, denn es herrscht dort, wo die Kadaver gefunden wurden, seit Jahrtausenden Dauerfrost.

In modernen Gefrieranlagen werden zum Beispiel

halbe Rinderseiten zwischen minus 40 und 50 Grad Celsius eingefroren. Und dazu werden etwa 30 Minuten benötigt. Ein Mammut wog aber rund fünf Tonnen und hatte ein dichtes, zottiges Fell. Solche Temperaturen hätten also nicht ausgereicht, das Ende innerhalb weniger Minuten oder gar Sekunden herbeizuführen. Die Funde zeigen jedoch, daß die Tiere bei der Futteraufnahme vom Tod überrascht wurden. Tiefkühlfachleute sind der Meinung, daß mehr als minus 100 Grad notwendig waren, um die Mammute binnen kurzer Zeit tiefzufrieren. Es müssen demzufolge Weltraumtemperaturen gewesen sein, die unvermittelt auftraten. Eine Theorie besagt, daß die nach oben geschleuderten Gase der Vulkane in der äußeren Atmosphäre sehr stark abkühlten und danach rasend schnell auf die Erde fielen. Dadurch entstanden vorübergehend Weltraumtemperaturen, die den Tod der Mammute zur Folge hatten. Diese Theorie steht jedoch auf wackligen Beinen, denn es ist nicht einzusehen, warum die Gase nur in Alaska und Sibirien die Erdoberfläche erreichten, obwohl sie um den ganzen Erdball verteilt waren. Außerdem hätte sich in den Jahrtausenden danach das Klima wieder normalisieren müssen. In den Gebieten herrscht aber noch immer Dauerfrost. Nur ein Kippen der Rotationsachse kann solch einen dauerhaften Klimawechsel schaffen. Was uns jetzt interessiert, ist, wann die Mammute den Tod fanden. Es war vor etwa 12000 Jahren.

Foraminiferen, zu den Wurzelfüßern gehörend, sind im Meer lebende Einzeller, die im Laufe der Zeiten infolge Ablagerungen am Meeresboden ansehnliche

Kalkfelsen bilden. (Aus den Rückständen der Foraminiferen bestehen zum Beispiel auch die Kalk- und Kreidefelsen auf Rügen.) Die in großen Mengen zunächst an der Wasseroberfläche lebenden Tierchen speichern in ihren zierlichen Gehäusen (Kalziumkarbonat-Schalen) die Sauerstoff-Isotope O_{16} und O_{18}. Verdunstet nun Wasser, so gehen die O_{16}-Isotope im Wasserdampf auf, und zurück bleibt der Anteil von O_{18}-Isotopen. Wird dagegen mehr Wasser zugeführt, als verdunsten kann, kehrt sich der Vorgang um. Das heißt: Der Anteil der O_{16}-Isotope nimmt zu. Bei Bohrungen im Golf von Mexiko ist nun eine Schicht Foraminiferen gefunden worden, deren Anteil an O_{16}-Isotopen weit über der Norm lag. Nach Doktor Cesare Emiliani, Meeresbiologe an der Universität Miami, hat dies nur einen Grund: ein Ansteigen des Wasserspiegels. Geschehen vor 12000 Jahren.

Wenn die Überschwemmung des Hwangho (China) im Jahre 1887 900000 Menschenleben forderte, das Erdbeben in der Sagami-Bucht 1923 Tokio und Yokohama vernichtete, wobei 150000 Menschen ihr Leben verloren, und der Ausbruch des Krakatau die Insel um zwei Drittel kleiner machte, dann handelte es sich nur um lokale Ereignisse. Um wieviel verheerender muß dann eine weltweite Katastrophe gewesen sein. Es dürfte jetzt wohl klar sein, warum die Bahama-Kultur, die ja in unmittelbarer Nähe des Unglücksortes beheimatet war, nahezu spurlos verschwand. Was von ihr zurückblieb, sind die Unterwasseranlagen und das merkwürdig anmutende Wissen der Alten.

Während die Bauwerke unter dem Wasser als gegen-

ständliche Zeugen einer alten Kultur die Zeiten überdauerten und damit von hochentwickelten Menschen künden, sind die rätselhaften Kenntnisse der Altvorderen für die Experten weniger überzeugend. Und da grundsätzlich davon ausgegangen wird, vor uns habe es keinen höheren Standard gegeben, der möglicherweise unser Niveau erreicht hatte, wird auch dem Wissen, das der angenommenen Entwicklung der Alten widerspricht, nur wenig oder gar keine Beachtung geschenkt. Nehmen wir einmal an, unser Dasein würde von einem globalen Ereignis beendet werden. Und unterstellen wir, nach 12000 Jahren hätte sich erneut eine Kultur bis zu unserem Niveau entwickelt. Was fänden die Archäologen dieser Zivilisation aus der Epoche, die jetzt Gegenwart ist? Vielleicht einige Häuserfundamente, alltägliches Gerät und ähnliches. Ließe sich daraus unsere Entwicklungshöhe ablesen? Wohl kaum. Also würden sie das Entdeckte in den Museen ausstellen und stolz darauf sein, es weiter gebracht zu haben. Und doch fehlte diesen Archäologen etwas sehr Wesentliches aus unserer Zeit – die Mondflüge!
Unwillkürlich müssen wir uns jetzt fragen, ob sich solch ein Ereignis wiederholen kann. Ja! Denn es gibt einige Planetoiden (auch Asteroiden genannt), die der Erde gelegentlich sehr nahe kommen: Ceres zum Beispiel bis auf 22 Millionen Kilometer. Das ist astronomisch gesehen keine ›Entfernung‹. Die geringste Bahnstörung aber kann ihn erheblich näher zur Erde bringen. Hermes erscheint des öfteren nur 600000 Kilometer entfernt. Und Adonis kam sogar bis auf 300000 Kilometer heran wie im Februar 1936. Er war

also der Erde näher als der Mond. Beinahe hätte ihn unser Planet eingefangen. Der Einsturz wäre dann unvermeidlich gewesen, und die Menschen hätten das erlebt, was in diesem Kapitel geschildert wurde.
Einige Kleinplaneten sind also eine stetige Bedrohung. Dennoch können wir ohne Angst in die Zukunft schauen. Die einschlägigen Fachleute sagen nämlich, daß nur alle 100000 Jahre solch ein kosmisches Monster wie der Carolina-Meteor die Erde besucht. Und da seitdem erst 12000 Jahre vergangen sind, haben wir noch beruhigende 88000 Jahre vor uns.

Kapitel 7

Als die Götter auf der Erde lebten

Die Mythen – Reportagen der Vergangenheit / Götter mit menschlichen Schwächen / Die Verbindung mit der Alten Welt ging verloren / Die ersten Kontakte nach der Katastrophe / Die Gräber der Götter

Trotz der alles verschlingenden Katastrophe muß es dennoch Überlebende gegeben haben. Die Besatzungen von Schiffen, die sich irgendwo in der Welt befanden, erlebten sicher nicht dasselbe Schicksal wie ihre Landsleute auf der Insel. Und es mag auch weitere Angehörige der Kultur gegeben haben, die, aus welchen Gründen immer, sich in anderen Regionen aufhielten. Doch sie waren bei der Stunde Null angelangt. Das Popol Vuh überliefert dazu: »Und man sagt, die Nachkommen jener (der Überlebenden) seien die Affen, die heute in den Wäldern leben.«

Damit ist treffsicher ausgedrückt, wie groß der Rückschlag war. Aber – die Leute besaßen noch ihr Wissen. Um weiter existieren zu können, blieb ihnen allerdings nichts anderes übrig, als sich den rückständigen Menschen anzuschließen, denn ein neuer Anfang war den Überlebenden verwehrt, da sie ja auch ihre Heimat verloren hatten. Also blieben sie da, wo sie gerade waren. Und es konnte nicht ausbleiben, daß sie aufgrund ihrer Kenntnisse bald in höhere Positionen aufstiegen oder gar zu Göttern wurden.

Es war damals gar nicht so schwierig, ein Gott zu werden, man mußte nur genug im Kopf haben. So wurde Imhotep, ein ägyptischer Weiser mit einem überragenden Wissen, später von den Griechen als Gott verehrt, obwohl er nur ein gewöhnlicher Sterblicher gewesen ist. Oder man beeindruckte die Menschen mit ungewöhnlichen Taten. In einer altnordischen Sage lesen wir zum Beispiel, wie der dänische König Halfdan einen erbitterten Kampf mit einem feindlichen Heer zu bestehen hatte. Als er merkte, daß seine Leute zu weichen begannen, stieg sein Kampfgefährte Thorri auf den Gipfel eines Berges und warf von dort Steine auf den Gegner, der sich daraufhin zur Flucht wandte. Wegen dieser Tat glaubten die Dänen, Thorri sei ein Sohn von Thor, dem höchsten Gott der Nordgermanen. Und so wurde er von diesem Tage an als Gott verehrt. Daß ein Mann mit Steinwürfen eine Armee nicht in die Flucht schlagen kann, dürfte wohl einleuchten. Also wird Thorri bestimmt etwas anderes auf die Feinde geschleudert haben. Irgendwie mußte ja der plötzlich errungene Sieg erklärt werden. Die Geschichte liest sich zwar wie ein Märchen, doch gehen viele Erzählungen in den altnordischen Sagen auf historische Ereignisse zurück.
Seltsamerweise waren es meist diese himmlischen Wesen, die den Menschen allerlei Geschenke machten. Sie lehrten auch Gesetze und klärten die Altvorderen auf, was Sitte und Moral ist – kurz, in nahezu allen uns bekannten Kulturen gelten die Götter als Kulturstifter.
Aber die vergöttlichten Personen wußten ebenso, daß

sie ihre einmal erreichten Positionen nur dann behalten konnten, wenn das Wissen auf einen kleinen Kreis beschränkt blieb. Kein Wunder also, wenn die Erkenntnisse der damaligen Zeit in der Regel bei den Herrschenden oder hohen Persönlichkeiten angetroffen werden. So finden wir in den Priestern der Kelten, den Druiden, nicht nur die Hüter aller Geheimnisse, sondern sie waren auch die Erzieher der Adligen. Ihnen oblag es, ihren Zöglingen die alten Überlieferungen zu vermitteln. In der Lehre von ›Io‹ (der sich selbst gestaltete) wird ausdrücklich von den Maori-Priestern und den Ältesten festgelegt, daß die Kenntnis von ›Io‹ (Polynesien) nur den Priestern und einem ausgewählten Personenkreis zugänglich sein darf. In anderen Kulturen war es ebenso. Überall schien es den Herrschenden gefährlich zu sein, wenn die einfachen Leute zuviel wußten. Diese Auffassung hielt sich übrigens noch bis vor wenigen Jahren. Abgesehen von Thorri und einigen anderen Gestalten, begegnen uns die Götter eher schemenhaft. Wir wollen jedoch herausfinden, ob die göttlichen Wesen nur in der Vorstellung der Menschen existierten oder ob sie wirklich unter ihnen weilten. Schauen wir uns also die Götter näher an. Da uns aber die Himmelsbewohner nur in den Mythen begegnen und natürlich in den Religionen, zunächst ein Wort zu diesen Überlieferungen.

Ein großer Teil der Mythologen hält die Berichte für eine Art Märchen. Der Wert ihrer Aussage sei daher gleich Null. Sind die Mythologen also nur Märchenforscher?

Oft werden die alten Schreiber wie Herodot, Hesiod,

Plinius und so weiter zitiert, um auf damalige Verhältnisse oder Begebenheiten aufmerksam zu machen. Aber nicht selten berichten diese Männer auch über Vereinigungen von Göttern mit Erdenfrauen. Solche Überlieferungen werden nicht gern genannt. Während die Ereignisse als tatsächlich geschehen anerkannt werden, jedenfalls in den meisten Fällen, sind die Vereinigungen der himmlischen Wesen mit Erdenbewohnern nach Meinung der Kritiker solcher Quellen nur Produkte der Phantasie. Sind die alten Historiker plötzlich zu Märchenerzählern geworden?
Offenbar nicht, denn es gibt Wissenschaftler, die der Auffassung sind, Mythen enthalten durchaus wahre Ereignisse, müssen also erlebte Geschichte sein. Davon ist unter anderem der Historiker Giorgio de Santillanas vom Massachusetts Institute of Technology (USA) überzeugt.
Wenn heute ein Mann seiner Angebeteten seine Liebe gesteht, dabei auf die Knie fällt und hingebungsvoll flüstert: »Du – meine Rose, mein Honigkuchen, du Kelch meiner Sehnsucht ...«, dann würde die Dame vermutlich einen Lachkrampf bekommen oder sich an die Stirn tippen und verschwinden. Aber das war nun mal die Ausdrucksweise der damaligen Zeit. Wenn wir die Mythen vom religiösen Beiwerk und der blumenreichen Sprache befreien, kommt der Kern zum Vorschein. Und nur der ist entscheidend. Jedenfalls stehen in den Reihen der Befürworter dieser Auffassung, daß Mythen Tatsachen enthalten, bedeutende und anerkannte Wissenschaftler, so unter anderem der Physiker Erwin Schrödinger (1887–1961) und der Physiko-

Die Pyramide El Castillo (22), auf der der Tempel der Krieger (23) steht (Chichen Itzá/Mexiko)

Der sog. Tizoc-Stein, ein Opferstein der Azteken, aus Tenochtitlán, dem heutigen Mexiko-Stadt (24)

Der berühmte Aztekenkalender (25)

... und ein Kalenderstein der Maya (26)

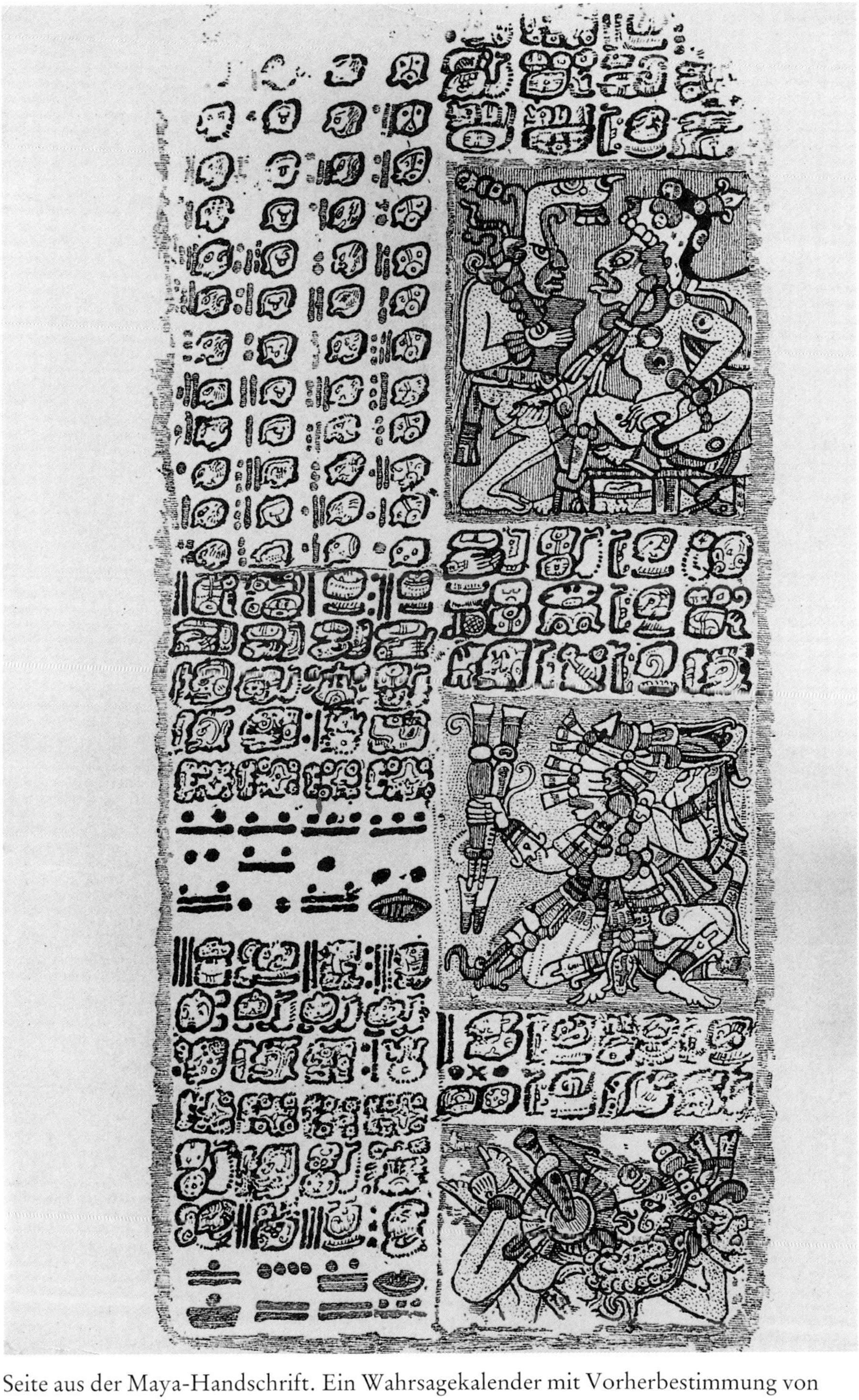

Seite aus der Maya-Handschrift. Ein Wahrsagekalender mit Vorherbestimmung von guten und bösen Tagen (27)

Eines der rätselhaften »Scharrbilder« von Nazca in Peru (28) und »The Long Man of Wilmington« in Großbritannien (29)

Chemiker Frederik Soddy (1877–1956). Soddy war sogar der Überzeugung, daß es vor mehr als 10 000 Jahren Hüter einer wissenschaftlichen Tradition gab, die einer längst untergegangenen Kultur angehörten. Wissen, das wir erst in jüngster Zeit erwarben, war dieser Kultur schon bekannt. Eigentlich überflüssig zu erwähnen, daß die zwei Gelehrten und Nobelpreisträger weit davon entfernt waren, Phantasten zu sein. Die Auffassung von Soddy deckt sich mit unserer Theorie, wonach vor rund 12 000 Jahren bereits eine hochentwickelte Kultur existierte, die aber dann infolge einer Naturkatastrophe unterging.
In diesem Zusammenhang soll auf Euhemeros hingewiesen werden. Das war ein griechischer Philosoph aus Messene (Peleponnes). Er schrieb in seiner ›Heiligen Aufzeichnung‹, daß solche Menschen zu Göttern wurden, die in einer fernen Vergangenheit große Verdienste erwarben. Allerdings müssen diese von den Göttern getrennt werden, die man zu personifizierten Naturgewalten machte.
Wir haben es also mit zwei Arten von Göttern zu tun. Die einen sind erdacht worden, die anderen lebten tatsächlich. Zwischen beiden ist zu unterscheiden. Heute versteht man unter Euhemerismus die rationale Deutung der Mythen. Und genau das soll im folgenden versucht werden.
Mittlerweile sind zahlreiche Angaben in den schriftlichen Überlieferungen von anderen (wenn man so will: amtlichen) Schriftquellen und durch Artefakte bestätigt worden. Mythen sind also durchaus keine Märchen. Das erfuhr auch der Ethnologe K. Buridge, als er

1952 bei den Tangus im nördlichen Neuguinea die Mythen der Ureinwohner sammelte. Besonders eine Erzählung – vom Freiwerden der See – ließ ihn ein ums andere Mal verwundert den Kopf schütteln. In diesem uralten Mythos werden Dampfschiffe erwähnt, Essen in Konservendosen, Gewehre und noch einige andere Dinge der Neuzeit. Natürlich hakte Buridge nach, denn hier stimmte offensichtlich etwas nicht. Bald hatte er auch des Rätsels Lösung gefunden.
Als die Weißen in Neuguinea immer zahlreicher auftauchten, waren die Einheimischen von den Erzeugnissen der weißen Männer derart fasziniert, daß sie alles Gesehene in einen alten Mythos einbauten. Deutlicher ist wohl kaum aufzuzeigen, daß Mythen, zumindest im Kern, erlebte Geschichte sind.
Was nun in den Schriften auffällt, ist, daß seit jeher ein Land im fernen Westen vermutet wurde, in dem die Götter wohnten – fraglos ein Erbe der Vor- und Frühzeit. Aber Genaues wußte man nicht, und daher blieb es nur bei Andeutungen. So heißt es im Wafthrudnirlied, Strophe 16, in der Edda: »Ifing heißt der Fluß, der wider das Volk der Riesen das Götterland begrenzt; offen eilen soll er in Ewigkeit, kein Eis setzt er an.« War damit vielleicht der Golfstrom gemeint?
Später wurden die Riesen von den Göttern nach Osten abgedrängt. Offenbar besiedelten die Himmelsbewohner in grauer Vorzeit die Küstenregionen Europas. Im Popol Vuh lesen wir: »... die ersten Menschen, die über das Meer vom Aufgang der Sonne kamen. Vor langer Zeit kamen sie hierher. Und man nannte sie Opferpriester, Gottesdiener. ... Sie waren nicht wie ge-

wöhnliche Menschen.« Wenn die Ankömmlinge keine gewöhnlichen Menschen waren, dann läßt sich das vielleicht so erklären: Stellen wir einen Eingeborenen neben einen Europäer, wird die Erscheinung des Weißen deshalb vertrauter wirken, weil er für unseren Geschmack zivilisierter aussieht. Wir alle wissen jedoch, daß er deswegen nicht notwendigerweise ein ungewöhnlicher Mensch sein muß. Die Bemerkung: »Sie waren nicht wie gewöhnliche Menschen«, kann sich daher nur auf das Aussehen der Fremden beziehen. In dieser Passage erhalten wir übrigens wiederum den Hinweis, wo das Land der Götter lag, was vortrefflich mit den entdeckten Unterwasseranlagen übereinstimmt. Es scheinen damals tatsächlich ungewöhnliche Menschen über die Erde gewandelt zu sein, denn Paulus sagt im ersten Brief an die Korinther: »Der erste Mensch ist von der Erde und irdisch, der andere Mensch ist der Herr vom Himmel« (15; 47).

Kommen wir nun zu den Himmelsbewohnern. Wie war ihr Wesen, ihre Art? Mit zwei Worten: sehr menschlich!

Unter einem göttlichen Wesen stellen wir uns ja ein immaterielles, nicht faßbares Etwas vor. Aber das waren die Götter keineswegs. Was unter anderem sofort ins Auge sticht, ist ihre Zeugung von Kindern mit Erdenbewohnern. Dabei waren nicht nur die männlichen Götter die Lüstlinge, wie man annehmen könnte. Auch die himmlischen Damen schienen daran Gefallen zu finden, ein wenig von der derben Erotik eines männlichen Erdenbewohners zu kosten. Und wenn es tatsächlich so einfach war, eine Schönheit zu ergattern, wie die Mythen erzählen, dann mag es sicher einige Männer der Gegenwart geben, die es bedauern, damals nicht als Gott gelebt zu haben.

Solche Schilderungen könnte man durchaus als phantasievolle Einfälle der Schreiber beiseite legen, wenn es nicht so viele wären. Und wir finden sie überall auf der Welt. Da heißt es im Mahabharata, einem altindischen Epos: »Drona war der Sohn des großen Weisen Bharadaja und der berühmten himmlischen Apsara Chritachi.« In den Frauenkatalogen von Hesiod lesen wir: »Die ihren Gürtel lösten ... Und sich mit Göttern verbanden ...« Und in der Rigveda (Indien) sind es die Ganddharvas, eine Gruppe schöner Götterjünglinge, die nach ›Weibern lüstern sind‹.

In der polynesischen Mythologie sind die Ahnenreihen von Göttern und Menschen derart vermischt, daß die Forscher nicht mehr durchblicken, wer nun ein Gott oder ein Mensch ist. Die Kabbala erwähnt ebenfalls Götter. Da heißt es unter anderem: »Und die Schwester Tulbalkains war Naama ... Die Göttersöhne Asa und Asael irrten ihr nach ...« In der Bibel heißt die Schwester Naema, aber es fehlt dort der Hinweis, daß sie von Göttern belästigt wurde.

Hier sei noch eine Geschichte erwähnt, die ebenfalls nicht im Alten Testament zu finden ist. Das Genesis-Apokryphon, so von den Herausgebern N. Avigad und Y. Yadin benannt, ist eine unvollständige aramäische Nacherzählung der Genesis (1. Buch Mose). Doch was sich erhalten hat und übersetzt werden konnte, ist für uns sehr aufschlußreich. Die zweite Kolumne (Spalte) schildert den Verdacht des Lamech, daß

sein eben geborener Sohn Noah nicht von ihm gezeugt wurde, sondern von einem Wächterengel. Enttäuscht und wütend zugleich, stellt er seine Frau Bit-Enoch zur Rede. Die aber schwört Stein und Bein, daß nur er der Vater sein kann. Lamech, immer noch mißtrauisch, sucht seinen Vater Metusalah (Methusalem) auf und erzählt ihm von seinem Verdacht. Dann bittet er seinen Vater, bei Henoch, dem Weisen, nachzufragen, wer denn nun der Erzeuger des Kindes sei. (Henoch war ein mit den Göttern vertrauter Erdenbürger.) In Kolumne fünf berichtet der zurückgekehrte Metusalah seinem Sohn, was Henoch ihm gesagt hat, nämlich daß er, Lamech, der Vater sei und nicht einer der Söhne des Himmels. Lamech, noch immer nicht überzeugt, muß sich mit dieser Erklärung zufriedengeben.
Daß der Vater eines Kindes nicht notwendigerweise der Erzeuger sein muß, mag damals auch schon vorgekommen sein. Aber hier schien der Unterschied zur übrigen Familie so auffällig, daß Lamech sofort argwöhnische Gedanken kamen. Daß er dabei sogleich an Himmlische dachte, ist bemerkenswert. Wurde Noah tatsächlich von einem Himmelssohn gezeugt, dann verwundert es nicht, daß er, neben Henoch, im äthiopischen Henochbuch der ›Empfänger und Träger‹ eines göttlichen Geheimwissens war.
Daß diese Geschichte nicht ins Alte Testament aufgenommen wurde, ist verständlich. Um so interessanter ist die Erzählung von Sara und dem HERRN in der Genesis. »Und der Herr erschien ihm (Abraham) im Hain Mamre, da er saß an der Tür seiner Hütte (Zelt), da der Tag am heißesten war« (1. Mose 18; 1).

Abraham erhält also Besuch. Es sind drei Männer, woraus wir ersehen, daß der HERR nicht allein kam. Da in jener Zeit Gastfreundschaft gegen jedermann allgemein Pflicht war, wurden die Ankömmlinge auch bewirtet.
Die Männer sitzen also vor dem Zelt bei ihrem Mahl, als der HERR unvermittelt nach Sara, der Frau des Gastgebers, fragt. Der gibt wahrheitsgemäß die Antwort, daß sie im Zelt sei. Darauf erwiderte der HERR: »Ich will wieder zu dir kommen über ein Jahr, so soll Sara, dein Weib, einen Sohn haben« (1. Mose 18; 10). Abraham hält dies kaum für möglich, denn er ist inzwischen 99 Jahre alt geworden. Und auch Sara ist nicht mehr die Jüngste. Aber was der HERR versprach, das hielt er auch, denn wir lesen: »Und der Herr suchte heim Sara wie er geredet hatte, und tat mit ihr wie er geredet hatte. Und Sara ward schwanger« (1. Mose 21; 1+2).
Sind wir vielleicht zu neugierig, wenn wir gern wüßten, was der HERR mit Sara tat? Man kann von dieser Geschichte nun halten, was man will, Tatsache bleibt, Sara wurde nach dem Besuch des HERRN schwanger und schenkte Isaak das Leben, der einer der großen Patriarchen wurde.
Nach unseren Erkenntnissen ist ein immaterielles Wesen aber nicht in der Lage, Kinder zu zeugen. Folglich muß der Gott in der Bibel ein Mensch gewesen sein. Einer hohen Kulturstufe angehörend, erfuhr er göttliche Verehrung.
Die Kirche interpretiert diese Geschichte mit dem Hinweis, der HERR habe Sara nur symbolisch den

Schoß geöffnet, damit sie ein Kind empfangen kann. Solch eine Deutung kann eigentlich nur von katholischer Seite kommen, denn hier ist den Geistlichen verboten zu heiraten. Wie also sonst könnten sie eine Empfängnis erklären?

Doch ernsthaft. Wenn nur eine symbolische Handlung vorgenommen wurde: Warum ging der HERR dann heimlich zu Sara? Wir erfahren nämlich, wie der HERR (zu sich oder seinen Begleitern?) sagt: »Wie kann ich Abraham verbergen, was ich tue?« (1. Mose 18; 17)

Ohne jemanden belehren zu wollen: Ein Symbol steht für eine sinnbildliche Handlung, für die es keine unmittelbare, anschauliche Entsprechung gibt. Die Entsprechung des geschilderten Vorgangs war aber die Geburt eines Kindes und somit bestenfalls ein freudiges Ereignis. Nun soll Sara eine sehr schöne Frau gewesen sein, die auch im Alter nichts von ihrem Aussehen verlor. Schöne Frauen gab es jedoch zu allen Zeiten. Und seit jeher haben auch die klügsten Männer solche Damen nicht verachtet. Es lag also keine zwingende Chronistenpflicht vor, diese Episode schriftlich festzuhalten; denn die Geburt eines Kindes war damals schon ein alltäglicher Vorgang, für den sich nur die Angehörigen interessierten.

Auch heute werden Millionen Kinder geboren, ohne daß sich irgendwer berufen fühlt, dies der Nachwelt mitzuteilen. Aber sobald Prinzessin X einem freudigen Ereignis entgegensieht, erfährt es beinahe die ganze Welt. Das war damals nicht anders. Oder besser: Das hat sich bis heute nicht geändert. Sara war nicht so bedeutend, um diesen Bericht zu rechtfertigen. Also muß es der HERR gewesen sein. Dann aber war er kein Gott, jedenfalls nicht das, was wir uns darunter vorstellen.

Wenn solche Geschichten rund um den Erdball angetroffen werden, muß in ihnen ein Kern der Wahrheit schlummern, denn nicht alle Schreiber können die gleiche Idee gehabt haben. Und immer waren es schöne Frauen, die irgendein Gott verführte. Das unterscheidet sich nicht von dem natürlichen Begehren eines männlichen Erdenbewohners. Offensichtlich verstanden die himmlischen Wesen unter Schönheit dasselbe, was auch ein irdischer Mann bei einer Frau gern sieht. Kein Wunder also, daß auch Kunti, schön wie eine Lotusblüte, zuerst den Besuch des Sonnengottes und danach ein Baby bekam. »Noch unverheiratet, war sie jedoch vom Sonnengott besucht worden und hatte einen Sohn geboren ...«, lesen wir im Mahabharata.

Gerade die Vereinigungen der Götter mit Erdenfrauen waren für den Bischof Daniel aus Winchester offenbar der Punkt, um Heiden den christlichen Glauben näherzubringen. In einem Brief, den er um das Jahr 725 an Bonifatius schrieb, erteilte er dem Benediktiner und ›Apostel der Deutschen‹ allerlei Ratschläge zur Bekehrung der Heiden. Unter anderem müsse der Missionar den Heiden klarmachen, daß Götter, die Kinder zeugen, nur Menschen sein können, weil nur sie dazu fähig sind. Würden die zu Bekehrenden widersprechen, sollte der im Jahre 722 zum Bischof geweihte Bonifatius fragen: Wenn die Götter einmal Kinder zeug-

ten, warum tun sie es heute nicht mehr? Und warum, so sollte er dann fragen, werden den Göttern eigentlich Opfer dargebracht, wo sie doch die Macht hätten, sich alles zu wünschen?
Entweder kannte der gute Bischof Daniel den Text der Bibel nicht, oder er ging stillschweigend über die verfänglichen Stellen hinweg. Denn auch dem Gott in der Bibel sind Opfer dargebracht worden. Hin und wieder sogar, auch wenn es die Geistlichen nicht gern hören – Menschenopfer! Und im übrigen sprach auch der HERR mit Menschen, so zum Beispiel mit Bileam dem Magier, mit Adam und Eva und, wie im letzten Beispiel, mit Abraham. Daß er sich auch mit Mose mehrmals unterhielt, ist den meisten von uns bekannt. Da lesen wir einmal: »Der Herr aber redete mit Mose von Angesicht zu Angesicht, wie ein Mann mit seinem Freunde redet« (2. Mose 33; 11).
Von Angesicht zu Angesicht kann doch nur bedeuten, Mose stand dem HERRN gegenüber und sah ihn in seiner ganzen Gestalt.
Aber warum heißt es dann etwas später: »Mein Angesicht kannst du (Mose) nicht sehen; denn kein Mensch wird leben, der mich sieht« (2. Mose 33; 20). Und dann wieder wird unmißverständlich gesagt: »Mündlich rede ich mit ihm (Mose), und er sieht den Herrn in seiner Gestalt, nicht durch dunkle Worte oder Gleichnisse« (4. Mose 12; 8).
Unwillkürlich fragt man sich, ob es jedesmal dieselbe Gottheit war, die sich mit Mose unterhielt. Aber der HERR hatte nicht nur im Umgang mit Menschen ein seltsames Verhalten, er hatte auch ganz spezielle Wün-

sche. Der HERR beauftragte Mose, ihm ein Heiligtum zu bauen – die Stiftshütte. Dazu heißt es: »Und siehe zu, daß du es machst nach dem Bilde, das du auf dem Berge gesehen hast« (2. Mose 25; 40).
Eigentlich müssen es mehrere Modelle oder Zeichnungen gewesen sein, denn die Liste der gewünschten Gegenstände ist einfach zu lang, um sie in einem Modell beziehungsweise einer Zeichnung wiederzugeben. Hinzu kommt der ausdrückliche Wunsch, nur bestimmte Materialien zu verwenden. Und was in dieser Geschichte besonders auffällt, sind die präzisen Maßangaben. Für ein immaterielles Wesen sind solche Wünsche doch völlig belanglose Dinge, sollte man meinen. Überhaupt ist die Stiftshütte ein merkwürdiges Heiligtum. Der Oberpriester, Aaron, hat beim Betreten der Hütte stets einen Rock zu tragen, an dem kleine Glöckchen angebracht sind, »daß man höre, wenn er aus und ein geht in das Heilige« (2. Mose 28; 35). Man muß sich fragen, wer den Priester hören soll, wenn niemand da ist, der ihn hören kann. Auch durfte man nicht zu jeder Zeit das Heiligtum betreten. Es gab zahlreiche Anordnungen, die zu beachten waren, wenn sich jemand der Stiftshütte näherte oder in das Innere hineingehen wollte.
Es lassen sich viele Beispiele dafür anführen, daß der HERR keineswegs allmächtig, allwissend und unfehlbar war. Und er spricht auch nicht mehr mit seinen Anhängern. Daß er Sara verführte, läßt nichts von seiner Unfehlbarkeit erkennen. Abgesehen davon war er es doch, der dem Mose Gesetze übergab, in denen es unter anderem heißt: »Laß dich nicht gelüsten deines

Nächsten Weibes ...« (2. Mose 20; 17). Aber unmißverständlich heißt es im Buch der Bücher: »... denn da die Kinder Gottes zu den Töchtern der Menschen eingingen und sie ihnen Kinder gebaren« (1. Mose 6; 4). Sollen wir nun glauben, daß all diesen Frauen der Schoß symbolisch geöffnet worden ist, damit sie Kinder gebaren, aus denen, wie die Bibel sagt, Gewaltige ihrer Zeit wurden?

Immerhin ist es interessant, daß nicht wenige der ägyptischen Götter von Anfang an in Menschengestalt auftraten, so zum Beispiel Atum von Heliopolis, Ptah von Memphis, Mîn von Koptos und so weiter.

In der Jomon-Kultur, einem Gebiet, das von Nordchina bis Alaska reichte, verehrte man ebenfalls eine Gottheit in Menschengestalt. Rund um den Erdball finden wir Kulturen, in denen Götter bei den Menschen wohnten. Die vergöttlichten Personen waren also überall anzutreffen.

In diesem Zusammenhang muß noch auf etwas anderes hingewiesen werden. Im Buch der Bücher werden die zwölf Stämme Israel häufig auch Kinder Israel genannt. Wir hören ebenso von den Kindern der Amoniter, Moabiter und so weiter. Dabei ist jedesmal ein Volk, zumindest jedoch eine Gruppe von Menschen gemeint. Nun wird aber auch von den ›Kindern Gottes‹ gesprochen. Ist es daher nicht naheliegend, daß diese Wesen ebenfalls einem Volk oder einer größeren Gemeinschaft angehörten?

Dieser Gedanke wird noch erhärtet, wenn wir das Erlebnis von Jakob betrachten. Jakob war der zweite Sohn von Isaak. Er befand sich gerade auf dem Weg zu seinem Bruder Esau, um sich mit ihm zu versöhnen. Dabei traf er auf eine Gruppe von Fremden. Wir lesen: »Jakob aber zog seinen Weg; und es begegneten ihm die Engel Gottes. Und da er sie sah, sprach er: Es sind Gottes Heere ... (1. Mose 32; 2 u. 3).

Jakob spricht nicht von Amalekitern, Amonitern, Moabitern und so weiter, also von Menschen, die in seiner bekannten Welt lebten, was doch ganz natürlich wäre, sondern sagt: »Es sind Gottes Heere.« Demzufolge muß es einen Unterschied zwischen den Engeln des HERRN und dem Menschen gegeben haben, der möglicherweise in der Hautfarbe, der Kleidung oder Bewaffnung bestand.

Es tummelten sich also eine ganze Anzahl von himmlischen Wesen auf der Erde. Wir müssen uns jetzt fragen, woher sie kamen, denn in der Bibel wird nur vom HERRN gesprochen. Und in den Mythen kommen sie schlicht und einfach vom Himmel.

Das ist durchaus verständlich, wenn unterstellt wird, daß die Götter über Fluggeräte verfügten. Und Flugobjekte muß es damals gegeben haben, wie wir im nächsten Kapitel sehen werden. In den außerbiblischen Überlieferungen wird stets auch eine Göttin genannt, während im Alten Testament nur der eine Gott, JAHWE, erwähnt wird. Wenn aber ein göttliches Kind das sphärische Licht der Götterwelt erblicken sollte, dann war auch bei den Himmelsbewohnern eine weibliche Gottheit erforderlich. Woher also kamen die Kinder Gottes?

In der Kabbala lesen wir zum Beispiel, daß JAHWE auf Anweisung des ›Alten der Alten‹ die Welt formte.

Damit ist nicht nur eine unbestimmte Anzahl von Göttern gemeint; wir erfahren auch noch, daß JAHWE offenbar nicht der höchste Gott war, denn er formte unsere Welt auf Anweisung eines anderen. Allerdings, eine Göttin finden wir hier ebenfalls nicht. Dafür komischerweise jede Menge Göttersöhne.
Da sie in allen Überlieferungen, die auf uns gekommen sind, auftreten und nicht nur bei den Erdenfrauen aktiv waren, liegt es nahe, in ihnen die Nachkommen von denen zu sehen, die vor 12000 Jahren die Naturkatastrophe überlebten. Dazu liefert uns die Kabbala einen Hinweis: »Doch es erschuf der Allerheilige der Welt nach der Weise der oberen, auf daß die Welt (die Erde) im Vorbilde der oberen stehe.«
Wie schon erwähnt, gelten die Götter als Kulturstifter. Es dürfte wohl einleuchten, daß die späteren Generationen der untergegangenen Bahama-Kultur keine neue Architektur einführten, wenn sie in anderen Teilen der Welt Bauwerke errichteten oder errichten ließen, Gesetze lehrten und Moral predigten. Sie werden also ebenso gebaut und die Altvorderen das gelehrt haben, was sie von ihren Vorfahren übernommen hatten. Hier sei kurz an die Pyramide erinnert, die Anfang 1977 vor den Bahamas entdeckt wurde. Die Ähnlichkeit mit den entsprechenden Anlagen in Ägypten ist nicht zu übersehen.
Es ist sehr wahrscheinlich, daß die megalithische Bauweise auf den Inseln im westlichen Atlantik ihren Ursprung hatte. Und wenn die Art, so zu bauen, in Mittel- und Südamerika später einsetzte als in der Alten Welt, dann müssen wir bedenken, daß infolge der Ka-

tastrophe der Ausfall an Menschen drüben mit Sicherheit größer war.
Wir können aber davon ausgehen, daß die Vertreter der Kultur auf den Bahamas auch auf dem Festland Niederlassungen gründeten, denn vor der Halbinsel Yucatán im Golf von Mexiko wie auch vor der Küste Venezuelas entdeckte man ebenfalls megalithische Anlagen auf dem Meeresgrund. Beträchtlich weiter vom Unglücksort entfernt, war hier natürlich die Chance zu überleben größer. Es müssen sich also mindestens zwei Gruppen von Überlebenden gebildet haben. Eine befand sich zur Zeit des Ereignisses in der Alten Welt. Aus dieser Gemeinschaft ging später die herrschende Kaste hervor. Die andere überstand den Niedergang des Meteors auf dem amerikanischen Festland.
Ohne Frage wurde versucht, von der Alten Welt aus festzustellen, wie es in der Heimat aussah. Doch mit Sicherheit war der Atlantische Ozean für einige Jahrhunderte, vielleicht noch länger, mit Schiffen unbefahrbar. Das sagte übrigens auch Plato in seinem Atlantis-Bericht.
Ein Produkt aus dem Auswurf der Vulkane ist Bimsstein. Das ist eine gasreiche Lava, die infolge zahlreicher Blasenräume leichter als Wasser ist und deshalb nicht in den Fluten versinkt. Beim Ausbruch des Krakatau konnte dies erstmals beobachtet werden. Monatelang ist die Schiffahrt in dieser Gegend von einer Bimssteindecke stark behindert worden. Und dort fuhren keine Segler, sondern bereits Dampfschiffe.
Es wurde schon darauf hingewiesen, daß es sich hierbei um die Eruption *eines* Vulkans handelte. Bei der

Atlantikkatastrophe müssen wir aber von mindestens 50 Vulkanen ausgehen, deren Auswurf ein Mehrfaches von dem betrug, was der Krakatau produzierte.
Damit war die Möglichkeit vereitelt, mit der Heimat Kontakt aufzunehmen, denn der nördliche Atlantik dürfte von einer meterhohen Bimssteindecke bedeckt gewesen sein.
Da die nomadisierenden Jägerhorden um 8000 v. Chr. allgemein seßhaft wurden, ist anzunehmen, daß sich die Verhältnisse auf der Erde in dieser Epoche normalisiert hatten. Demnach konnte erst zu diesem Zeitpunkt ein neuer Aufschwung einsetzen, das heißt, die Entwicklung der Menschheit wurde runde 4000 Jahre unterbrochen. Die Folge: Das bis dahin erworbene Wissen sowie die technologischen Errungenschaften gingen verloren und gerieten in Vergessenheit.
Der Gedanke aber, sobald wie möglich mit anderen Angehörigen der Kultur Kontakt aufzunehmen, wurde nie fallengelassen. Die Herrscher der Quichés, so erfahren wir aus dem Popol Vuh, hatten alles aufbewahrt, ›was aus dem Osten gekommen‹ war. Wenn dem so war, dann besaßen sie auch noch die Kenntnisse von den Niederlassungen, vielleicht auch Kolonien, in Europa. Und ihre schriftlichen Zeugnisse bewahrten dann sicher ebenso das Wissen, wie man Schiffe baut. Dazu lesen wir im Popol Vuh: »Und dann gingen sie übers Meer und gelangten dorthin, wo die Sonne entspringt. Und sie brachten übers Meer die Schriften von Tula.«
Einige wagemutige Männer waren aufgebrochen, um nach Osten zu segeln. Warum? Daß ihre Heimat nicht

mehr existierte, wußten sie längst. Aber als es möglich wurde, den Ozean wieder zu befahren, segelten sie dennoch in Richtung aufgehender Sonne. Und warum nahmen sie die alten Schriften mit? Auf eine Entdeckungsfahrt hätte man sie nicht mitgenommen, weil sie dabei nicht von Nutzen gewesen wären. Die Seefahrer kannten also ihr Ziel. In diesen Schriften war das Vergangene aufgeschrieben. Und das sollte wohl die gemeinsame Herkunft beweisen.

Wie die Entwicklung in der Alten Welt verlief, darüber sind wir einigermaßen gut informiert. Aber ein Volk von Göttern wurde bisher nicht gefunden. Da hatten die Experten in der Neuen Welt mehr Glück, denn dort gelang eine aufsehenerregende Entdeckung. Der weithin bekannte Archäologe Lothrop hatte seine Ausgrabungen in Argentinien beendet und befand sich gerade in Peru, als er dort seinen ebenfalls berühmten Kollegen Julius Tello kennenlernte. Da Lothrop noch Geld zur Verfügung hatte, das bei seinen Arbeiten in Argentinien nicht verbraucht worden war, machte er Tello den Vorschlag, nach dessen Wahl die verbliebenen Mittel einzusetzen. Dieser entschied sich für die Halbinsel Paracas, die am südlichen Teil der Zentralküste Perus liegt. Mit Absicht hatte Tello ein schwer zugängliches Gebiet gewählt, weil er hoffte, daß bis dorthin die Grabräuber noch nicht vorgedrungen waren.

Das zufällige Zusammentreffen der beiden Forscher führte 1925 zu einem bemerkenswerten Fund. Sie entdeckten nämlich Hunderte von Mumien in Höhlen oder künstlichen Steingräbern, die die Wissenschaft beschäftigten.

Für uns ist dabei folgendes von Interesse: Die physischen Merkmale der Verstorbenen weisen beträchtliche Unterschiede gegenüber den in Südamerika lebenden Indianern auf. Alle Mumien sind wesentlich größer, haben eine lange Schädelform und – sind blond-, braun- oder rothaarig. Indianer sind rundköpfig und haben schwarze Haare.

Da man auch in der Neuen Welt nur Könige, Hohepriester oder andere bedeutende Persönlichkeiten mumifizierte, andererseits aber Hunderte von Mumien gefunden wurden, muß in dieser Gegend ein Volk gelebt haben, das, darin ist sich die Fachwelt einig, eine andere ethnische Abstammung hatte.

Inzwischen wurden an weiteren Orten der Neuen Welt Mumien und Skelette von Menschen gefunden, die keine Indianer gewesen sind. Die Überreste der Angehörigen der Chimu-Kultur haben in der Mehrzahl einen langen Schädel, das heißt, sie waren keine Indianer. Aber sie bauten Pyramiden und verfügten über kaum zu glaubende handwerkliche Fähigkeiten. In Tiahuanaco müssen sogar mehrere Rassen nebeneinander gelebt haben.

Im Popol Vuh werden die Menschen nach der Katastrophe so beschrieben: »Da waren denn viele dunkle und helle Menschen ...« Leider gibt es keine Hinweise darüber, woher die hellen Menschen plötzlich kamen.

Ein anderer Fund erscheint nicht weniger rätselhaft. Alberto Ruz entdeckte 1952 das Grab eines Königs oder Hohepriesters in der alten Mayastadt Palenque (Mexiko), das sich unter einer Pyramide befindet, auf deren Plattform der ›Tempel der Inschriften‹ steht.

Hier ist unzweifelhaft eine Person von hohem Rang beigesetzt worden. Allein die Ausstattung der Gruft, der monumentale Sarkophag von etwa 20 Tonnen Gewicht sowie die zahlreichen, wundervollen Schmuckstücke lassen das erkennen.
Aber die Stätte enthielt auch einige Ungereimtheiten, die bis heute noch nicht gelöst werden konnten. Im Gegensatz zur damaligen Sitte, wiesen die Zähne des Verstorbenen keine Inkrustationen auf. Bei höhergestellten Personen war es in jener Zeit üblich, die Zähne abzufeilen und mit Schwefelkies oder Jade zu versehen. Die zweite Überraschung bot die Statur des Beigesetzten. Er war nämlich erheblich größer als der durchschnittliche Maya von heute. Alberto Ruz und seine Mitarbeiter gelangten zu der Überzeugung, daß der Bestattete kein Angehöriger der Maya gewesen sein kann, obwohl er wie einer ihrer Könige begraben wurde. War er ein Gott? Weiße Götter werden in nahezu allen Mythen der Indianer Mittel- und Südamerikas beschrieben. Sie wandelten über das Land und lebten mit den Menschen, doch sie blieben nur wenige Jahre. In dieser Zeitspanne ist es aber unmöglich, sozusagen im Vorbeigehen die Basis zu schaffen, um darauf eine Hochkultur aufzubauen. Das zeigt uns ein Beispiel aus der jüngeren Vergangenheit.
Als die ›Beagle‹, ein Schiff von 27 Metern Länge und etwa 100 Tonnen, am 17. Dezember 1832 vor Feuerland Anker warf, schrieb Darwin, der sich auch an Bord befand, über die Ureinwohner:

»Nichts vermag mehr Erstaunen hervorzurufen als der erste Anblick eines Wilden in seinem ursprünglichen Zustand – eines Menschen auf niederster Stufe und in primitivstem Dasein.
Ich glaube, daß es nicht möglich ist, den Unterschied zwischen einem solchen primitiven und einem zivilisierten Menschen zu beschreiben ... Dieser Unterschied ist größer als der zwischen einem wilden und einem domestizierten Tier.«

Offensichtlich hatte Darwin übersehen, daß auch seine Urahnen aus solchen ›primitiven Zuständen‹ kamen. Eigentlich hätte er bemerken müssen, daß der Unterschied gar nicht so groß war. Darwin hatte nämlich die Gelegenheit, drei Feuerländer einige Wochen in extenso zu beobachten.
Schon einmal war die ›Beagle‹, 1826, zusammen mit der ›Adventure‹, nach Feuerland gesegelt. Auf der Rückreise im Jahre 1830 hatte Kapitän Fitz-Roy, Kommandant der ›Beagle‹, zwei junge Männer, einen Knaben und ein Mädchen aus dem Stamm der Jaghan an Bord genommen, um sie in England auf seine Kosten ausbilden zu lassen. Kurz nach der Ankunft starb jedoch einer der Eingeborenen an Pocken.
Während ihres nahezu dreijährigen Aufenthaltes in England stellte sich heraus, daß alle drei intelligent waren und überraschend gut lernten. Vor allem das Mädchen, Fuegia Basket (die Matrosen der ›Beagle‹ hatten den Eingeborenen Phantasienamen gegeben), lernte die englische Sprache verblüffend schnell. Nun, im Jahre 1832, wurden die drei Jaghan in ihre Heimat

zurückgebracht. Wieder war es die ›Beagle‹ unter Kapitän Fitz-Roy, die den Atlantik überquerte. Und an dieser Fahrt nahm auch Darwin teil. Vor der Insel Navarino, die im Stammesgebiet der Jaghan liegt, hatte die ›Beagle‹ festgemacht. York Minster, Jemmy Button und Fuegia Basket wurden mit allem, was sie aus England mitbekommen hatten, an Land gebracht. Die Matrosen bauten drei Hütten und legten zwei Gemüsegärten an. Ein Missionar namens Matthews sollte den drei ›zivilisierten‹ Jaghan bei der Bekehrung ihrer Landsleute helfen.

Als alle Arbeiten erledigt waren, unternahm Kapitän Fitz-Roy einen Vorstoß in den nach seinem Schiff benannten Beagle-Kanal. Zurück blieben die drei Jaghan und der Missionar. Zwölf Tage später kehrte er zurück und traf in der kleinen Niederlassung auf ein Chaos. Die Eingeborenen klauten, was sie in die Finger bekamen, und Matthews stand kurz vor einem Nervenzusammenbruch. Fitz-Roy sah sich gezwungen, den Missionar wieder auf die ›Beagle‹ zu nehmen.

Darwin schrieb: »Ich fürchte, es ist mehr als zweifelhaft, ob ihnen ihr Besuch (Ausbildung in England) irgendwelchen Nutzen gebracht hat.« Er sollte recht behalten. Am 5. März 1834, also rund 15 Monate später, warf die ›Beagle‹ abermals Anker in der Bucht, in der Fitz-Roy die drei Hütten hatte errichten lassen. Niemand war zu sehen. Nach einiger Zeit näherte sich ein Kanu. Einer der Insassen war Jemmy Button. Der Rest einer alten Wolldecke war seine einzige Bekleidung. Er lebte jetzt wieder wie vor seinem England-Aufenthalt.

Die Geschichte ist damit noch nicht zu Ende. Es war

der 6. November 1859. Missionare und Seeleute hielten gerade eine Andacht genau an der Stelle, wo einst die Hütten standen, als sie von Eingeborenen überfallen und niedergemacht wurden. Deren Anführer war Jemmy Button. Diese Tat war das letzte, was man von ihm wahrnahm.

Aber noch einmal sollte einer der drei in England christianisierten Feuerländer auftauchen. Der Geistliche Thomas Bridges, der die Sprache der Jaghan erlernt hatte, traf 1874 Fuegia Basket. Jetzt über 50 Jahre alt, berichtete sie dem Geistlichen, daß York Minster, der ihr Mann gewesen war, einen Mord begangen hatte und deshalb von seinen Landsleuten umgebracht worden war. Sie selbst hatte wieder geheiratet. Neun Jahre später kam Bridges nochmals mit Fuegia Basket zusammen. Sie war krank. Der Geistliche versuchte, sie mit dem christlichen Glauben zu trösten, doch Fuegia Basket verstand nicht – begriff nicht. Sie hatte alles, aber auch alles, vergessen, was sie einst in England gelehrt worden war.

Mit dieser Geschichte wird klar, daß der Kulturbringer nur dann Erfolg haben wird, wenn er die zu Bekehrenden ständig im Auge behält. Mit anderen Worten: Wer unterentwickelte Menschen mit dem Fortschritt beglücken will, muß sie mindestens zwei, drei Generationen lang betreuen. Eingeborene wie die Jaghan können sich nämlich nicht vorstellen, was Zivilisation eigentlich bedeutet, weil in ihrer Begriffswelt nur das Platz findet, was sie in ihrem bis dahin gelebten Leben kennengelernt und erfahren haben. Also wird es auch dem klügsten Lehrer nicht möglich sein, sozusagen

mit der linken Hand rückständigen Menschen in nur wenigen Jahren Moral, Sitte und Wissen zu vermitteln, das dauerhaft ist und die Basis zu einer höheren Entwicklung bildet. Um das zu erreichen, muß das Knowhow eines Volkes, mindestens aber einer großen Gemeinschaft, dahinterstehen. Übrigens, und das ist durchaus nicht unwichtig, muß derjenige, der als Meister auftritt, irgendwo, irgendwann seine Kenntnisse einmal erworben haben, damit er als Lehrer wirken kann.
Daß eine Beeinflussung der Indianer von außen erfolgte, scheint sicher zu sein, denn die Spanier sahen noch Statuen des weißen Gottes Virachocha. Und sie bemerkten zu ihrer Verwunderung, daß die Oberschicht des Azteken- und Inkareiches von weißer Hautfarbe war. Es konnte nicht geklärt werden, woher diese Menschen gekommen sind und wie sie zu Herrschern über die Eingeborenen wurden.
Handelte es sich bei ihnen um die Nachkommen von den Überlebenden der Atlantikkatastrophe, dann müssen wir annehmen, daß die Angehörigen der Bahama-Kultur Weiße waren.

Kapitel 8

Moderne Technologien in der Vorzeit

Die merkwürdigen Tiere /
Der Stab Gottes /
Flugkörper im Altertum? /
Artefakte bestätigen die Mythen /
Waffen der Gegenwart /
Rätselhafte Markierungen und Figuren

Wir wissen nun, daß eine frühe, hochentwickelte Kultur lange existierte, bevor Ägypten und das Zweistromland (Euphrat und Tigris) erwachten. Und betrachten wir das bisher besprochene Material, von dem es allerdings noch weitaus mehr gibt, dann drängt sich geradezu die Frage auf, welches Niveau diese Kultur erreicht hatte.
Leider wurde nichts entdeckt, was mit den Bahamas direkt in Verbindung gebracht werden kann, wenn von den Unterwasseranlagen abgesehen wird, weil niemand weiß, welchen Namen dieses Volk hatte und wer die Menschen waren, die dort lebten. Um uns einen Überblick zu verschaffen, müssen wir die Mythen befragen, denn in ihnen wurde aufgezeichnet, was damals geschah. So erfahren wir zum Beispiel aus dem Gilgamesch-Epos, wie Gilgamesch und sein Freund Enkidu einen Himmelsstier besiegen.
Solche seltsamen Stiere gab es massenweise im Altertum. In beinahe jeder schriftlichen Überlieferung werden sie erwähnt. Einige von ihnen kurvten elegant

durch die Lüfte, andere walzten über den Erdboden. Und um ein Erdfahrzeug handelte es sich wohl bei dem Erlebnis von Gilgamesch und Enkidu.
Nach dem Kampf machten beide Helden seltsame Entdeckungen. Im Epos heißt es:

»Wie rühmten diese da der Hörner Umfang!
Aus dreißig Minen Lapislazuli
Ist jedes Horn, zwei Finger dick, gebildet!
Sechs Maße Öl, soviel sie beide faßten ...«

Eine Mine entspricht dem Gewicht von etwa einem Pfund. Demnach wog jedes Horn 30 Pfund. Die Wandstärke, die zwei Finger dick war, betrug dann ungefähr 40 Millimeter. Ein Maß Öl entsprach etwa einem Talent, das ein Gewicht von rund 30 Kilogramm hatte. Also konnten die Hörner insgesamt 180 Liter (etwa 18 Eimer) Flüssigkeit aufnehmen. Das ist in der Tat ein gewaltiger Kopfschmuck. Und für ein Rind entwickelte der Stier unglaubliche Aktivitäten. So genügte ein Schnauben von ihm, um gleich Hunderte von Menschen zu töten.
Das Gilgamesch-Epos spricht nicht direkt von einem wehrhaften Fahrzeug, was mit Sicherheit zutrifft, sondern nur vom Himmelsstier. Ein normales Rindvieh kann jedoch allein mit seinem Schnauben niemanden umbringen. Also dürfte der Stier in Wahrheit einem Panzer von heute ähnlicher gewesen sein als irgendeiner Rinderart.
In der Theogonie beschreibt der griechische Dichter Hesiod ein anderes Monster – die Chimäre.

»Auch die Chimaira gebar sie, das feuerschnaubende Scheusal ...
Fürchterlich schnob sie heraus die Glut des lodernden Feuers.
Pegasos tötete sie und der tapfere Bellerophontes.«

Die Chimäre, ein Fabelwesen in der griechischen Mythologie, war Löwe, Ziege und Drachen zugleich. Nach einer anderen Version ist der Drache durch eine Schlange ersetzt worden. Wir bezeichnen derartig seltsame Tiere deshalb als Fabelwesen, weil in der Gegenwart niemand mit der Beschreibung etwas anfangen kann. Aber was die Chimäre auch immer war, sie spie Feuer und brachte den Menschen Verderben. Mit hoher Wahrscheinlichkeit handelte es sich ebenfalls um ein wehrhaftes Fahrzeug, sonst hätte es auch hier keinen Kampf gegeben.
In der Bibel wird ein ähnliches Vehikel beschrieben. Der Verfasser des Buches Hiob überliefert uns ein Gerät, das im Alten Testament ›Leviathan‹ genannt wird. Was dieses Ding für Aktivitäten entwickelte, erscheint kaum faßbar. Da heißt es unter anderem:

»Aus seinem Munde fahren Fackeln, und feurige Funken schießen heraus. Aus seiner Nase geht Rauch wie von heißen Töpfen und Kesseln. Sein Odem ist wie lichte Lohe, und aus seinem Munde gehen Flammen ...
Wenn man zu ihm will mit dem Schwert, so regt er sich nicht, oder mit Spieß, Geschoß und Panzer. Er

achtet Eisen wie Stroh, und Erz wie faules Holz. Kein Pfeil wird ihn verjagen; die Schleudersteine sind ihm wie Stoppeln ...
er spottet der hebenden Lanze« (Hiob 41; 10–25).

Die von Hiob überlieferte Beschreibung soll, den Theologen zufolge, ein Krokodil sein – eine recht merkwürdige Auslegung. Inzwischen ist hinlänglich bekannt, daß unsere Vorfahren auch Mammute jagten. Damals besaßen die Jäger aber nichts anderes als eine Lanze, an deren Spitze ein Feuerstein befestigt war. Dennoch gelang es, die riesigen Tiere mit solch primitiven Waffen zu erlegen. Als dieses ›Krokodil‹ über die Erde kroch, kannte man bereits weit bessere Waffen, wie zum Beispiel Pfeil und Bogen.
Dieses seltsame Reptil hätte man also aus einer für den Menschen ungefährlichen Entfernung töten können. Dennoch heißt es in Hiob 40; 32: »Wenn du deine Hand an ihn legst, so gedenke, daß es ein Streit ist, den du nicht ausführen wirst.« Das heißt, wer gegen den Leviathan kämpfen will, hat keine Chance, den Kampf zu gewinnen. Es sind zwar viele Menschen von Tieren getötet worden, aber schon der Homo sapiens war aufgrund seiner Bewaffnung einem gefährlichen Tier gegenüber nie chancenlos. Aber in Hiob 41; 1 lesen wir: »Siehe, die Hoffnung wird jedem fehlen; schon wenn er seiner ansichtig wird, stürzt er zu Boden.« Natürlich können Tiere einem Menschen Angst einflößen, doch wird er vor Schreck kaum auf den Boden sinken. Es sei denn, derjenige weiß, daß er nicht die geringste Chance hat. Aber genau das sagt ja die Bibel. Darum

kann es sich um kein Tier gehandelt haben. Außerdem, wenn es tatsächlich ein Krokodil gewesen wäre, warum hat der Autor dann solche Vergleiche herangezogen, um eine schon damals bekannte Tierart zu beschreiben? Was meinte er mit feurigen Funken? Ein Krokodil, für das Eisen Stroh und Erz faules Holz ist, muß erst noch geboren werden. Was also hat Hiob da eigentlich beschrieben?

Wir lesen auch, daß die Starken sich entsetzten, wenn dieses Monster auftauchte, und das ist durchaus verständlich. Wenn der Leviathan alles niederwalzte und sogar Schleudersteine wirkungslos blieben, dann konnte allerdings auch dem Tapfersten aller Tapferen das Herz in die Hose rutschen. Da also den mutigen Kriegern das Herz plötzlich nicht mehr am rechten Fleck saß, wenn dieses Ungeheuer aufkreuzte, kann der Leviathan wohl kaum ein Krokodil gewesen sein.

Natürlich konnte der Schreiber nur das Vokabular seiner Zeit verwenden. Aber was Eisen, Feuer, Rauch und so weiter sind, das wußte er damals auch schon. Wenn also der Chronist solche Wörter als Vergleich benutzte, dann hatte er sicher einen Grund dafür. In der altorientalischen Mythologie wird der Meeresdrache Leviathan genannt. Dieser Name ist vom Schreiber vermutlich übernommen worden. Vielleicht deshalb, weil dieses Gefährt sich auch im Wasser bewegen konnte? Die Bibel deutet es nur an. Aber in der Kabbala heißt es unmißverständlich: »Dieses Meer ist groß und weit ... Auch Schiffe wandeln dort und der Leviathan.« Möglich also, daß es sich hierbei um ein wehrhaftes Amphibienfahrzeug handelte.

Im Gilgamesch-Epos wird ausdrücklich von einem Kampf gesprochen. In der Bibel dagegen werden nur die Fähigkeiten des Leviathan hervorgehoben. Doch was immer es gewesen sein mag, was da in den Geschichten beschrieben wird, es hatte mit Sicherheit keine Ähnlichkeit mit irgendeiner existierenden Tiergattung.

Über solch eine Bezeichnung sollten wir uns auch nicht wundern, denn heute, im 20. Jahrhundert, heißt der zur Zeit modernste deutsche Kampfpanzer Leopard, obwohl wir doch alle wissen, daß diese Wildkatze weder Feuer noch Rauch entwickeln kann. Ungewöhnliche Dinge wurden damals verehrt und häufig sogar angebetet. Und für die Fachleute ist es nicht immer leicht, herauszufinden, ob es sich um einen Gegenstand oder einen Gott handelte.

Wenn die damaligen Menschen solchen Fahrzeugen mit Ehrfurcht begegneten, dann haben wir keinen Grund, dies zu belächeln. Jeder Berlin-Reisende wird den legendären Panzer T-34 gesehen haben, der auf einem rund zehn Meter hohen Sockel verankert ist. Er war das Prunkstück der sowjetischen Armee im Zweiten Weltkrieg. Der Kampfwagen steht auf der rechten Seite der Autobahn, kurz vor der früheren Grenze, wenn man die ehemalige DDR in Richtung West-Berlin verläßt.

Der Panzer wird heute zwar nicht mehr angebetet, aber – die Verehrung ist geblieben. Wir unterscheiden uns also gar nicht so sehr von unseren Vorfahren. Als 1948 in Katmandu (Nepal) ein indisches Flugzeug landete, schleppten die Einheimischen Heuballen

heran, um den großen Vogel zu füttern. An was werden die Menschen vor einigen tausend Jahren wohl gedacht oder geglaubt haben, als sie solche ›Tiere‹ sahen?
Da wir gerade das Alte Testament aufgeschlagen haben, soll gleich noch auf ein anderes sonderbares Gerät hingewiesen werden. Es handelt sich um den Stab Gottes, mit dem Mose das Meer teilte, damit die Kinder Israel sich vor den verfolgenden Soldaten des Pharao retten konnten. Solche Stäbe muß es übrigens auch auf der anderen Seite des Atlantiks gegeben haben, denn im ›Titel der Herren von Totonicapán‹ heißt es in der Quiché-Sprache: »Als wir zum Rande der See gelangten, berührte sie Balam-Quitzé mit seinem Stab, und sogleich öffnete sich ein Weg.«
Eine Anzahl solcher Stäbe hatten die Götter in Tula verteilt. Ob der Stab des Mose auch das Geschenk eines Gottes war? Dieses Ding besitzt jedenfalls recht eigenartige Funktionen. Viele von uns kennen sicher die Geschichte, in welcher Mose die Kinder Israel aus Ägypten führte. Da sie aber über karges Steppenland zogen (die Bibel sagt Wüste dazu), ging ihnen bald das Wasser aus. Das gab es in ausreichenden Mengen nur in den Oasen. Dort lebten aber schon andere Menschen, die keineswegs gewillt waren, das kostbare Naß mit den Neuankömmlingen zu teilen. Die Israeliten mußten also kämpfen, wenn sie in den Besitz von Wasserquellen kommen und ihr Überleben sichern wollten.
Zwei Monate waren seit der Flucht aus dem Nilland vergangen, da erreichten sie die Oase Raphidim. Die dort ansässigen Amalekiter verweigerten den Kindern

Israel jedoch den Zutritt. Da redete Mose mit seinem engsten Vertrauten Josua und sagte:

> »Erwähle uns Männer, zieh aus und streite wider Amalek; morgen will ich auf des Hügels Spitze stehen und den Stab Gottes in meiner Hand haben.
> ... und wenn Mose seine Hand emporhielt, siegte Israel; wenn er aber seine Hand niederließ, siegte Amalek« (2. Mose 17; 9 u. 10).

Um die Bedeutung des zitierten Textes zu verstehen, muß man wissen, daß die Israeliten in Ägypten als Fronarbeiter lebten und unter strenger Aufsicht der Behörden standen. Es wird ihnen also kaum möglich gewesen sein, sich mit Waffen zu versorgen, und noch weniger hatten sie Gelegenheit, das Kriegshandwerk zu erlernen. Unzureichend bewaffnet und als völlig ungeübte Kämpfer waren sie in die Auseinandersetzung gegangen. Die Amalekiter dagegen waren als frei lebende Menschen gut ausgerüstet und erfahrene Krieger. Da nun stets die Amalekiter die Oberhand gewannen, wenn Mose seine Hände mit der Apparatur sinken ließ, andererseits die Israeliten im Vorteil waren, sobald ihr Führer seine Hände mit dem Stab emporhob, müssen wir uns fragen, was Mose da eigentlich in die Luft hielt.

Und dieses Gerät muß sein Gewicht gehabt haben, denn wir lesen: »Aber die Hände Moses wurden schwer ... Aaron und Hur stützten ihm seine Hände, auf jeglicher Seite einer« (2. Mose 17; 12).

Ohne Frage war dieses Ding für den Ausgang des

Kampfes entscheidend. Das ist dem Text unschwer zu entnehmen. Aber solch einen Kampf, wie ihn die Bibel schildert, kann man nur mit Waffen führen. Damit ergibt sich die Frage: War besagter Stab Gottes eine Waffe?

Wenn ja, muß sie eine erhebliche Reichweite besessen haben, denn Mose stand auf der Spitze eines Hügels und war somit entsprechend weit vom Gegner entfernt. War es keine Waffe, dann muß man sich fragen, warum der Stab in dieser Geschichte überhaupt erwähnt wird und warum die Israeliten nur dann erfolgreich waren, wenn dieses Ding emporgehalten wurde. Kampfverlauf und Stab stehen in einem unmittelbaren Zusammenhang. Deshalb ist die Vermutung, der Stab Gottes war eine Waffe, durchaus berechtigt. Auf jeden Fall kann es sich hierbei um kein göttliches Mirakel gehandelt haben, denn Wunder sind nicht gegenständlich.

Wir begegnen dem eigenartigen Stab noch einmal, und zwar diesmal bei Josua, dem Nachfolger von Mose, der mit Hilfe dieses oder eines ähnlichen Gerätes einen Sieg errang. Bei der Eroberung des Gelobten Landes kämpften die Israeliten auch gegen die Stadtbewohner von Ai. Beim ersten Versuch, den Ort einzunehmen, wurden die Angreifer zurückgeschlagen. Josua war im Lager geblieben, da er glaubte, seine Leute, die in der Überzahl waren, würden es ohne ihn schaffen. Die Israeliten griffen ein zweites Mal an. Diesmal war Josua dabei, und sie siegten, aber offenbar nur deshalb, weil Josua während des Kampfes eine Lanze in die Höhe hielt. »Josua aber zog nicht wieder zurück seine Hand,

mit der er die Lanze ausgestreckt hatte, bis daß verbannt wurden alle Einwohner Ais« (Josua 8; 26).
Es wäre völlig unsinnig gewesen, auf einem Hügel zu stehen und stundenlang eine Lanze oder einen Stab in die Höhe zu halten. Daher dürfte auch die Lanze des Josua ein Stab Gottes gewesen sein, nur daß ein anderer Chronist diesen Stab eine Lanze nennt.
Wenn man die Berichte von Mose und Josua liest, fragt man sich unwillkürlich, ob das wahr sein kann, was das Alte Testament uns da überliefert. Beide Male ist der Ausgang eines Kampfes mit Hilfe einer Apparatur entschieden worden, die leider nicht näher beschrieben wurde. Es ist also ungewiß, ob die Vorkommnisse Berichte von Augenzeugen sind. Genaugenommen spielt das auch keine Rolle. Weit merkwürdiger ist, daß die seltsamen Geräte überhaupt erwähnt werden. Hat hier ein Schreiber seinen Science-fiction-Gedanken freien Lauf gelassen? Von welchen Vorstellungen wurde er dann geleitet? Denn auch eine utopische Idee braucht eine Basis.
Da die Apparaturen nicht beschrieben wurden, sind wir auf Vermutungen angewiesen. Eine zufällige Entdeckung, über die Lyall Watson in seinem Buch ›Geheimes Wissen‹ berichtete, könnte die Erklärung für Moses Stab sein. Der französische Professor Gavraud hatte herausgefunden, daß sein Büro im gleichen Rhythmus vibrierte wie die Maschine einer Klimaanlage auf dem Dach eines gegenüberliegenden Hauses. Da diese Schwingungen bei ihm ein körperliches Unbehagen auslösten, begann er sich als Ingenieur dafür zu interessieren. Er fand schnell heraus, daß sein Un-

wohlsein durch niederfrequente Wellen verursacht wurde. Daraufhin baute der Professor eine Maschine, die Infraschall erzeugt. (Infratöne sind für Menschen unhörbare Schallschwingungen von etwa 16 Hertz und darunter.)
Die Maschine des Professors hatte die Form einer Trillerpfeife, wie sie an die französische Polizei ausgegeben wird, und war 1,80 Meter lang. Für die Inbetriebnahme genügte ein entsprechender Luftdruck. Als die überdimensionierte Pfeife von einem Techniker eingeschaltet wurde, stürzte der Mann augenblicklich tot zu Boden. Seine inneren Organe waren infolge der Vibrationen zu einem amorphen Brei zerquetscht worden. Dadurch zur Vorsicht gemahnt, baute Gavraud eine kleinere Ausführung und verlegte den nächsten Versuch ins Freie. Der Erfolg war unübersehbar. Im Umkreis von 800 Metern zersprangen sämtliche Fensterscheiben. Bald fand der Professor heraus, wie solche Infraschallerzeuger gezielt eingesetzt werden können. Noch in einer Entfernung von acht Kilometern kann man mit Infraschallgeräten Häuser zum Einsturz bringen.
Soweit in groben Zügen der Bericht von Lyall Watson. Inzwischen weiß man, daß Menschen, die länger andauernden Infraschallschwingungen ausgesetzt sind, gesundheitliche Schäden davontragen. Sie leiden zunächst an Gleichgewichtsstörungen, Übelkeit und allgemeinem Unwohlsein. Von diesen Erkenntnissen ausgehend, diskutierten die zuständigen Behörden schon darüber, mit Infraschall Demonstrationen gewaltlos aufzulösen.

Stellen wir uns nun ein Infraschallgerät als Stab Gottes vor, dann ist zu verstehen, warum die ungeübten israelischen Kämpfer die Oberhand gewannen, wenn Mose den Stab auf die Amalekiter richtete. Wer unter Gleichgewichtsstörungen leidet, ist kaum in der Lage, sich zu wehren, wenn er angegriffen wird. Aber in den Pausen, wenn Mose den Stab sinken ließ, erholten sich die Verteidiger und waren dann ihrerseits im Vorteil.
Mit dieser Apparatur könnte es Josua gelungen sein, die Mauern von Jericho zum Einsturz zu bringen. Die Experten sind allerdings der Meinung, ein Erdbeben habe die Stadtbefestigung niedergeworfen. Aber ein Erdbeben, das nur Mauern zerstört? Nach der Eroberung der Stadt durch die Israeliten standen nämlich noch alle Häuser, die nur infolge der Kampfhandlungen beschädigt wurden.
Daß es vor Jahrtausenden solche Apparaturen gegeben haben soll, erscheint unglaublich, aber die Texte sind in ihrer Deutlichkeit kaum zu überbieten. Hinzu kommt, daß solche Geräte leicht zu bauen sind. Und für die Inbetriebnahme genügt, wie wir hörten, nur Luft.
Dennoch könnte man in derartigen Berichten einen zufälligen Vorgriff auf unsere Zeit sehen, wenn, ja, wenn es nicht noch andere Überlieferungen gäbe, die ebenso deutliche Hinweise auf die Gegenwart enthalten.
Eine wahre Fundgrube seltsamer Ereignisse sind die indischen Epen Mahabharata und Ramajana. Dort ist nicht nur von Waffen die Rede, sondern auch von Flugkörpern. Diese Überlieferungen sind deshalb so inter-

essant, weil sie von keiner fremden Religion beeinflußt wurden. Dennoch haben sie mit den anderen Mythen etwas Gemeinsames: Auch hier führen die Götter Kriege. Und das oftmals mit einer atemberaubenden Nichtachtung des Lebens anderer.

Im Ramajana wird unter anderem eine Geschichte erzählt, in der Prinz Rama seine Frau Sita aus den Fängen des Riesen Ravana befreite, der sie gekidnappt hatte. Hier werden uns gleich mehrere Ungereimtheiten angeboten. Jedenfalls sind sie, betrachtet mit unseren Erkenntnissen, recht sonderbar.

Für die geplante Befreiungsaktion hatte sich der Prinz mit dem Affenkönig Sugriva verbündet, der ein großes Heer zur Verfügung stellte. Als die Armee die Küste gegenüber der Insel Lanka erreicht hatte, die heute Sri Lanka heißt, begab sich der General der Affen, Hanuman, heimlich auf die Insel, um die Lage zu sondieren und Sita zu suchen, die dort gefangengehalten wurde. In der Hauptstadt Lanka sah und erlebte Hanuman Dinge, die einem Menschen unserer Tage höchst merkwürdig vorkommen müssen, wenn er liest:

> »Der Affe aber konnte sich nicht satt sehen an dem riesigen fliegenden Wagen Pushpaka, der wie eine glänzende Perle über den höchsten Gebäuden hing ..., denn er vermochte durch den Himmel zu fliegen wie ein Leuchtfeuer im Kreis der Sonne.«

Vor Tausenden von Jahren existierten doch nur Vögel, die fliegen konnten. Und nun lesen wir, daß sich da noch etwas anderes ebenfalls durch die Luft bewegte, etwas, das nicht von der Natur geschaffen worden war. Hier scheint die Entwicklung einen Kopfstand zu machen, denn aus dem Lexikon erfahren wir, daß es die amerikanischen Gebrüder Wright waren, die das erste Motorflugzeug konstruierten und damit 1903 in zwölf Sekunden die sagenhafte Strecke von 50 Metern zurücklegten. Der Wagen (vimana) aber flog bereits vor Jahrtausenden im Kreis der Sonne. Das zeugt von einer überragenden Technik.

Hanuman wird dann entdeckt, kurz nachdem er Sita gefunden hat. Indrajit, ein Sohn von Ravana, greift den General mit einem fliegenden Wagen an. Es kommt zum Kampf. Und der findet an einem von den Historikern nicht erlaubten Ort statt – nämlich in der Luft. Hanuman wird besiegt, als Indrajit eine göttliche Waffe einsetzt, die den General lähmt. Doch der kann sich später wieder befreien. Er greift die Stadt Lanka aus der Luft an. Mit einem Feuer aus bläulichen Strahlen setzt er die Häuser in Brand. Soviel zur Vorgeschichte des sich anschließenden Kampfes. Die Erzählung könnte man für ein gut aufgemachtes Märchen halten, wenn es nicht eindeutige Beweise für seine Wahrheit gäbe. Als Rama nach errungenem Sieg mit Sita die Insel verläßt, stellt ihnen der Bruder von Ravana, der gegen den Kampf war, den fliegenden Wagen Pushpaka zur Verfügung. Während des Fluges in die Heimat beschreibt der Prinz seiner Frau die Gegend, die sie überfliegen. Durch diese Schilderungen war es den Forschern möglich, die Insel Lanka im Ramajana als Ceylon zu identifizieren, das 1972 in Sri Lanka umgetauft wurde.

Die Angaben über die örtlichen Gegebenheiten in der Erzählung haben also die Geschichte bestätigt. Es kann demnach davon ausgegangen werden, daß die Region, so, wie sie im Text beschrieben wird, tatsächlich von oben gesehen wurde, und zwar schon vor einigen tausend Jahren. Nun ist aber auch bekannt, daß die Kartographen jener Zeit durchaus fähig waren, gute Karten herzustellen. Die Beschreibung der Region könnte also nach solch einer Vorlage erfolgt sein. Das würde bedeuten, daß der Autor dieser Geschichte den Ort der Handlung in die Luft verlegt hat. Damit könnten wir die Erzählung als Märchen ansehen, wenn es nicht einen weiteren Hinweis gäbe, den kein noch so geschickter Kartograph wiedergeben kann. Sita will nämlich wissen, warum sie die Sterne sehen könne, obwohl es doch heller Tag sei. Rama erwidert darauf, daß der Wagen in großer Höhe fliege, so daß die Sterne sichtbar würden. Auf der Erde seien sie deshalb nicht zu sehen, weil das Sonnenlicht viel stärker sei und den Schein der Sterne überstrahle.
Die Frage von Sita und die Antwort von Rama sind sehr aufschlußreich, denn das Phänomen des Sichtbarwerdens der Sterne am Tage tritt tatsächlich auf. Allerdings nur dann, wenn ein Fluggerät in große Höhen aufsteigt. Und das sagte ja der Prinz. Dieses Schauspiel wurde aber erst in unserer Zeit entdeckt, als die Astronauten den Dämmerungsgürtel der Erde durchflogen. Wie konnte also der indische Chronist über diesen Effekt berichten, wenn es keine Flugkörper gab? Mit anderen Worten: Dieses Phänomen ist nur mit einem leistungsfähigen Fluggerät zu bewundern.

So merkwürdig es auch erscheinen mag: Es ist nicht die einzige Überlieferung dieser Art. Der Held Enkidu wird, natürlich von einem göttlichen Wesen, zu einer Luftreise eingeladen. Als der Aufstieg beginnt, spürt der Held den immer stärker werdenden Andruck – das ist nach den Gesetzen der Gravitation eine logische Folge. Wird nämlich ein Körper einer großen Beschleunigung ausgesetzt, nimmt sein Gewicht zu.

Offenbar erreicht das Fluggerät eine große Höhe, denn etwas später hat sich für den Fluggast das Aussehen der Erde völlig verändert. Die Meere sind zu kleinen Seen geworden, und die Oberfläche wirkt wie ein grauer Brei. Enkidu ist nicht nur verwundert, er ist auch ratlos.

Nicht nur dem Helden verschlug es die Sprache, sondern auch den Wissenschaftlern unserer Tage, denn hier werden Tatsachen geschildert, die in jener Epoche den Menschen unbekannt gewesen sein müssen, weil sie erst in der Gegenwart entdeckt wurden. Anscheinend wußte der Chronist aber doch etwas darüber, sonst könnten wir es heute nicht nachlesen.

Damit rückt auch die griechische Sage von Dädalus und Ikarus in ein anderes Licht. Dädalus war ein berühmter Architekt, Bildhauer und Erfinder. Unter anderem baute er für König Minos auf Kreta das Labyrinth. Nach dessen Fertigstellung wurden aber er und sein Sohn darin gefangengesetzt. Um der Gefangenschaft zu entgehen, fertigte Dädalus für jeden ein Paar Flügel an, die er aus Federn und Wachs formte. Damit wollten sie fliehen. Vor dem Flug warnte Dädalus sei-

nen Sohn, er möge nicht zu hoch steigen. Doch übermütig stieg Ikarus immer höher. Er kam der Sonne zu nahe; das Wachs schmolz, und er stürzte ab. Auch diese Geschichte erzählt nicht nur von fliegenden Menschen, sondern gibt ebenfalls einen Hinweis darauf, daß offenbar große Höhen erreicht wurden.
Solche Überlieferungen wie die aus dem Mahabharata und dem Gilgamesch-Epos können andererseits keine Fälschungen sein, denn die Texte wurden bereits ab Mitte des vorigen Jahrhunderts übersetzt. Deshalb blieben die Interpreten auch bei Bezeichnungen wie fliegende Wagen, Drachen, Stiere oder, wie in Polynesien, fliegende Häuser. Das Wort Flugzeug gab es ja noch nicht. Demzufolge konnten die Übersetzer dieses Wort auch nicht verwenden.
Wir können nur verblüfft feststellen, daß die Alten offenbar hochentwickelte Techniken besaßen, oder vielleicht besser: kennenlernten, die wir erst seit der Neuzeit zu unseren Errungenschaften zählen dürfen. Und so finden wir die fliegenden Wagen nicht nur im Ramajana. Auch im anderen großen indischen Epos, dem Mahabharata, werden sie häufig erwähnt. Unter anderem entfalten hier die Gandharvas ›ihre ganze Gewandheit im Kampfe aus der Luft‹.
Die Kabbala spricht ebenfalls von himmlischen Wagen, die Bibel von Drachen (wie die Chinesen) und von Tieren. Solch ein Tier beschreibt uns der Prophet Hesekiel:

»Und ich sah, und siehe, es kam ein ungestümer Wind von Mitternacht (Norden) her mit einer großen Wolke voll Feuer, das allenthalben umher glänzte; und mitten in dem Feuer war es lichthell. Und darin war es gestaltet wie vier Tiere, und dieselben waren anzusehen wie Menschen. ... Und wenn die Tiere gingen, so gingen die Räder auch neben ihnen; und wenn die Tiere sich von der Erde emporhoben, so hoben sich die Räder auch empor« (Hesekiel 1; 4, 5, 19).

Es gibt rund um den Globus keine Tiergattung, die fliegen kann und dabei ein lautes Getöse macht. Der Prophet sagt nämlich, »daß die Flügel rauschten wie große Wasser«. Und es gibt keine Vögel, die Räder besitzen. Aber das wußte Hesekiel auch. Dennoch sagt er: »Und ein Wind hob mich auf, und ich hörte hinter mir ein Getön wie eines großen Erdbebens ...« (Hesekiel 3; 12). Offenbar ist der Prophet des öfteren mit dem Ding geflogen, denn es heißt mehrmals: »Da hob mich ein Wind auf und führte mich weg ...« (3; 14). Dabei hörte er hinter sich einen großen Lärm. Würden wir einen Geistlichen fragen, was für ein Tier das gewesen sein mag, bekämen wir sicher als Antwort: Das war ein Cherub. Die Cherubim waren Engel. Sie hatten neben den Flügeln vier Köpfe, und zwar einen Menschen-, einen Löwen-, einen Ochsen- und einen Adlerkopf. So werden sie zum Beispiel auch in der Merian-Bibel von Matthaeus Merian dargestellt. Da er aber offensichtlich nicht wußte, wo er die Räder bei einem Cherub anbringen sollte, zeichnete er sie vom Cherub getrennt. Auch in späteren Illustrationen sieht man die Cherubim auf keinem Rad. Aber nur damit bewegte sich das Tier von Hesekiel. Ebenso wird das Feuer unterschlagen, das sich zwischen den Rädern befindet und aus dem Blitze hervorschießen (Hesekiel 1; 13). Außerdem heißt es in Hesekiel 1; 27: »Und ich sah, und es war lichthell, und inwendig war es gestaltet wie ein Feuer um und um ...« – Inwendig? Offensichtlich beschreibt der Prophet einen Innenraum und keine Cherubim. Nein – hier hat Hesekiel unzweifelhaft eine Konstruktion wahrgenommen, die von höher entwickelten Menschen erdacht und gebaut wurde. Kritiker sehen in dem Bericht allerdings nur eine Vision. War es wirklich nur ein geistiges Erlebnis infolge einer übersteigerten Gehirntätigkeit oder körperlicher Erregung?

Eine solche Erklärung wird oft herangezogen, wenn es darum geht, Unverständliches zu deuten. In diesem Fall ist es sogar leicht, darauf zu verweisen, sagt doch Hesekiel selbst: »Und Gott zeigte mir Gesichte« (Hesekiel 1; 1).

Wenn dieses Wort aber so häufig bemüht wird, dann sollte wenigstens geklärt werden, was eine Vision ist. In gekürzter Form kann man sagen: Ein visionäres Bild ist eine Mitteilung des Unbewußten an das Bewußtsein.

Solch ein Erlebnis hatte einmal der dänische Physiker und Nobelpreisträger Niels Bohr (1885–1962). Wochenlang suchte er nach der Lösung eines allgemeinverständlichen Atommodells, doch kam er keinen Schritt weiter. Eines Nachts sah er dann im Traum folgendes Bild: Eine Schlange kroch durch einen nicht näher zu bestimmenden Raum. Plötzlich bildete ihr

Körper einen Kreis und verharrte in dieser Stellung. Den Traum vor Augen, überarbeitete Bohr noch einmal sein Material und – fand die Lösung. Nun konnte er sein Atommodell veröffentlichen, in dem die Elektronen auf Kreisbahnen den Atomkern umlaufen.
Es handelte sich dabei um eine Traumvision, wobei das Unbewußte dem Bewußtsein bei der Suche nach der Problemlösung half. Vorausgegangen war aber eine bewußte Suche nach der Lösung, das heißt, das Tagesbewußtsein hatte sich bis dahin zwar intensiv, aber vergeblich bemüht, die Problemstellung zu meistern.
Das ist eine Art von Vision. Es gibt noch eine andere, die als spontane Vision bezeichnet wird, allgemein als Hellsehen bekannt. Parapsychologen haben sich dieses Phänomens angenommen und es in langen Testreihen untersucht. Es scheint tatsächlich möglich zu sein, Vorgänge zu sehen, die irgendwo irgendwann einmal stattfanden oder stattfinden werden. Aber auch diese Art von Vision hat erhebliche Mängel. So ist der Hellsichtige nicht in der Lage, den Zeitpunkt anzugeben, wann das künftige Ereignis eintritt. Das kann morgen, in einigen Wochen oder gar erst nach Jahren der Fall sein. Um es kurz zu machen: Es fehlen Detailangaben, das heißt, der Hellseher sieht den Vorgang nur verschwommen, also mehr oder weniger undeutlich.
Zusammenfassend kann gesagt werden: Visionen geben Hinweise, liefern aber keine fertigen Lösungen. Im ersten Beispiel ist das deutlich zu erkennen. Was das Unbewußte an das Bewußte weitergibt, ist der Rahmen eines Sachverhalts, der mit den Kenntnissen des Bewußtseins ergänzt werden muß. Diese Erfah-

rung machen wir alle oft genug, denn was wir träumen, bleibt meist unverstanden. Würde das Unbewußte fertige Lösungen präsentieren, bräuchten wir keine Traumdeuter.

Wäre also das Erlebnis von Hesekiel eine Vision gewesen, dann hätte er, wie wir nun wissen, seine Gesichte auf keinen Fall so detailliert schildern können. Niemand wird aber bestreiten, daß die Angaben so präzise sind, daß sie es dem NASA-Ingenieur Joseph Blumrich ermöglichten, nach diesem Bericht ein Fluggerät zu konstruieren. Seine Gedanken dazu hat er in seinem Buch ›Da tat sich der Himmel auf‹ dargelegt. Blumrich hat jedoch nie gesagt, Hesekiels Flugkörper sei ein Produkt von irgendwelchen Außerirdischen gewesen. Was seine Untersuchungen und Berechnungen ergaben, war eine Flugmaschine, die bestenfalls in unserem Sonnensystem eingesetzt werden konnte.

Da bislang keine hochentwickelten Lebewesen auf anderen Planeten entdeckt wurden und wohl auch nie entdeckt werden, muß Hesekiels Flugapparat demnach irdischen Ursprungs gewesen sein. Angesichts solcher Berichte, in denen Tatsachen zum Vorschein kommen, die uns erst in jüngster Zeit bekannt wurden, wäre es töricht, von überlieferten Märchen zu sprechen.

Wir müssen uns wohl mit dem Gedanken vertraut machen, daß wir nicht die ersten auf diesem Planeten sind, denen der geistige Höhenflug gelang. Und wir sollten uns noch einmal daran erinnern, daß die Namen für diese Objekte von sekundärer Bedeutung sind. Einer unbekannten Sache auf Anhieb den richtigen Namen zu geben, war noch nie einfach. Auch nicht in unseren Tagen. Meist finden wir in den Überlieferungen keine so deutlichen Hinweise wie in den indischen Epen Ramajana und Mahabharata oder dem Gilgamesch-Epos. Häufig wird nur von einem fliegenden Etwas gesprochen. Aber solche Erzählungen entstanden rund um den Erdball. Da jedoch nicht wenige Berichte harte Tatsachen enthalten, kann wohl davon ausgegangen werden, daß die Geschichten, in denen kein Wissen unserer Tage zu erkennen ist, dennoch einen Kern der Wahrheit bergen.

Da gibt es zum Beispiel in der germanischen Mythologie sogenannte ›Schwanmädchen‹. Sie fliegen durch die Lüfte, landen hin und wieder an stillen Plätzen und zeigen sich, ohne Flügel, den Menschen. Entdeckt ein Mann die Schwingen, folgt ihm die junge Frau in sein Haus.

Genau das gleiche Motiv finden wir in Mikronesien. Nur heißen dort die himmlischen Damen ›Tümmlermädchen‹. Irgendwann entdecken die Frauen dann ihre Flügel und verschwinden für immer. Ab und zu tauchen sie aber wieder auf, um von fern ihre Kinder zu beobachten, die sie mit einem irdischen Mann gezeugt haben. Es gab also eine stattliche Anzahl von Himmelsbewohnern, ob männlich oder weiblich, die sich offensichtlich mit Vergnügen durch den Luftraum bewegten. Daß sie nach geraumer Zeit verschwanden, ist begreiflich, denn kein zivilisierter Mensch mag auf Dauer ein primitives Leben führen. So dürfte das Entdecken der Schwingen nur eine Erklärung für das Verschwinden der himmlischen Besucher sein.

Sollte es sich hierbei nur um erfundene Geschichten handeln, müssen wir uns allerdings fragen, wie das Motiv von Europa in die Südsee oder von dort nach hier kam. Denn Tatsache ist, daß die Erzählungen von den Tümmlermädchen in Mikronesien längst bekannt waren, bevor die Europäer dort aufkreuzten. Es bleibt jedenfalls bemerkenswert, daß die Frauen in der Regel vom Himmel herabschwebten.
Glücklicherweise gibt es neben den schriftlichen Zeugnissen über fliegende Himmelsbewohner und Flugmaschinen auch gegenständliches Material. Einige Stücke aus Gold sind in Kolumbien gefunden worden. Allerdings sah die Fachwelt in diesen Modellen keine Flugzeuge, sondern Vögel. Es spricht jedoch einiges gegen diese Annahme.
Luftfahrtexperten stellten fest: Die V-förmigen Flügel einiger Artefakte sowie die aerodynamische Form sind für Flüge in großer Höhe ausgelegt. Das Heckleitwerk steht senkrecht und nicht waagerecht wie die Schwanzfedern bei den Vögeln. Ohne Zweifel handelt es sich bei diesen Funden um Modelle von Flugzeugen. Das ist jedenfalls die Meinung von Piloten und Ingenieuren, die solche Modelle untersuchten. In diesem Fall sollte man dem technischen Fachwissen der Luftfahrtexperten mehr Glauben schenken als den Archäologen.
Derartige Objekte sind jedoch nicht nur in Südamerika entdeckt worden. Auch in Ägypten fand man Flugmodelle, die aber nicht aus Gold, sondern aus Holz gefertigt waren. Sie haben die Jahrtausende überdauert, weil im Lande des Nils ein trockenes Klima

herrscht. Wie in Südamerika sind auch in Ägypten Luftfahrtexperten zu der Überzeugung gelangt, daß die Fundstücke ebenfalls Modelle größerer Originale sein müssen. Offenbar sind solche Artefakte gar nicht so selten, denn 1972 wurden im Museum für ägyptische Altertümer (Kairo) über ein Dutzend Flugmodelle ausgestellt. Solange jedoch kein Archäologe im freien Feld über ein Flugzeug aus dem Altertum stolpert, wird sich die Meinung, wonach es Flugmaschinen nicht gegeben hat, kaum ändern. Man muß sich allerdings fragen, warum die Chronisten in aller Welt dann über ein Objekt berichten, das gar nicht existierte. Es ist ja nicht zu übersehen, daß die Hinweise auf Flugkörper sehr zahlreich sind.
Doch nicht allein von Flugobjekten schienen die Schreiber fasziniert zu sein. Sie berichten auch über seltsame Waffen – seltsam jedoch nur für jene Epoche. Wir finden daran nichts Außergewöhnliches, weil uns das, was da geschildert wird, sehr bekannt erscheint.
In den beiden hurritischen Mythen ›Das Königreich im Himmel‹ und ›Der Gesang des Ullikummi‹ werden die Vorbereitungen für einen bevorstehenden Kampf wie folgt beschrieben:

> »Man mische das Fett, man bringe das reine Öl! Man salbe damit die Hörner des Stieres Scherisch ... Man bringe die mächtigen Felsen ... Man bereite die schweren Wagen aufs beste und melde es mir.«

Die Meldung erwartete der Gewittergott Teschup, der sein Königreich zurückerobern wollte, das er verloren hatte. Seine Gegner waren Kumarbi und dessen Sohn Ullikummi. Leider ist der Text vom eigentlichen Kampfverlauf verlorengegangen, da die dritte Tafel, auf der dies Ereignis geschildert wurde, zerstört worden ist. Aber am Ende der zweiten Tafel ist schon zu erkennen, daß der Gewittergott und seine Anhänger unterlagen. Dort heißt es:

> »Als die Götter von der Niederlage erfuhren, bereiteten sie ihre Wagen ... Aschtabi sprang auf seinen Wagen und führte den Wagen nach ...? ... Er versammelte die Wagen. Er schleuderte den Donner ... Er und seine siebzig Götter fielen ins Meer.«

Wie bei den Wagen oder ›vimanas‹ im Mahabharata und im Ramajana wird auch hier damit ein Fluggerät bezeichnet. Aber was meinte der Chronist eigentlich mit »mächtige Felsen«? Was für einen Donner schleuderte Aschtabi? Und warum sollten die Hörner eines Stieres mit Öl eingesalbt werden? Die Anweisung ist völlig unverständlich, denn wie kann man einen Kampf entscheiden, indem die Hörner eines normalen Rindes mit Öl eingerieben werden? Der Befehl wird aber sofort klar, wenn wir uns darunter vorstellen, daß Feuerwaffen einsatzbereit gemacht wurden.
Da wir nur mit dem vergleichen können, was uns bekannt ist (das konnte der Chronist auch nur), kommen wir zu dem Schluß, daß die mächtigen Felsen offenbar Bomben waren, zumindest etwas Ähnliches. Und die Entwicklung auf diesem Gebiet schien bereits eine außerordentliche Höhe erreicht zu haben, denn im Mah-

abharata wird eine Waffe genannt, die, einmal zur Anwendung gebracht, bewirkt, daß das Land von einer zwölfjährigen Dürre befallen wird. Woher wußte der Schreiber das eigentlich?

Auch den schärfsten Kritikern solcher Überlieferungen ist doch bekannt, daß man nur über etwas schreiben kann, was mindestens in der Vorstellung existiert. Wie aber konnte der Chronist von einer zwölfjährigen Dürre wissen, wenn nicht wenigstens einmal solch ein Ereignis eingetreten war?

Das Alte Testament überliefert uns eine ähnliche Geschichte. Bevor wir uns jedoch damit näher befassen, soll zunächst gezeigt werden, wie die Bibel tatsächliche Ereignisse schildert. Dazu wählen wir einen Vers, dessen Aussage von der Geschichte bestätigt wurde. So erzählt das Alte Testament, daß sich die Kinder Israel geteilt hatten, und zwar in einen Nordstaat (Israel) und in einen Südstaat (Juda). Während Juda weiterhin nach den Geboten des HERRN lebte, hatte sich Israel von Gott abgewandt. Wir lesen: »... da ward der Herr sehr zornig über Israel und tat sie von seinem Angesicht, daß nichts übrigblieb denn der Stamm Juda allein« (2. Könige 17; 18). Etwas später heißt es: »... Also ward Israel aus seinem Lande weggeführt nach Assyrien bis auf den heutigen Tag« (2. Könige 17; 23).

Geschehen war folgendes: Ein assyrisches Heer war in Israel eingedrungen und belagerte die Hauptstadt des Reiches Samaria. Unter Sargon II. wurde die Stadt und damit Israel 722 v. Chr. erobert. Fast die gesamte Bevölkerung des Landes wurde nach Assyrien deportiert. Seitdem spricht man von den ›zehn verlorenen

Stämmen‹ Israels, denn in der Geschichte tauchten sie nie wieder auf. Die Bibel berichtet also durchaus wahrheitsgemäß, auch wenn die Details meist übergangen und mit dem göttlichen Willen erklärt werden.

Ähnlich ist es mit dem folgenden: Es wird geschildert, wie ein Stern vom Himmel fällt und einen Brunnen (Krater) erzeugt, so groß wie ein Abgrund. Da aber nichts ohne den Willen Gottes geschieht, heißt es zuvor: »... und ihm (dem Stern) ward der Schlüssel zum Brunnen des Abgrunds gegeben« (Offb. 9; 1). Was bedeutet hierbei Schlüssel? Nun – ein Schlüssel hatte auch damals schon eine Aufgabe, nämlich eine Tür zu öffnen. Hier bedeutet ›Schlüssel‹: den Boden öffnen – also einen Abgrund erzeugen, denn es heißt unmißverständlich: »Und er (der Schlüssel) tat den Brunnen des Abgrunds auf.« Weiter heißt es in dem Vers: »... und es ging auf ein Rauch aus dem Brunnen (Krater) wie ein Rauch eines großen Ofens, und es ward verfinstert die Sonne und die Luft von dem Rauch des Brunnens« (Offb. 9; 2). Es wird also eine starke Rauchentwicklung beschrieben.

Und dann erfahren wir, daß aus dem Rauch Heuschrecken kamen: »Und es ward ihnen (den Heuschrecken) gesagt, daß sie nicht beschädigen das Gras auf Erden noch ein Grünes noch einen Baum, sondern allein die Menschen, die nicht haben das Siegel Gottes an ihren Stirnen« (Offb. 9; 4). Die Menschen sollen jedoch nicht getötet, sondern nur fünf Monate lang gequält werden. Da man aber Heuschrecken nicht befehlen kann, was sie tun oder lassen sollen, kann der Hinweis, ›ward ihnen gesagt‹, nur sinnbildlich gemeint

sein. Hier ist der Versuch unternommen worden, etwas Unbegreifliches zu erklären.
Der Stich eines Skorpions ist für einen Menschen nicht unbedingt tödlich, aber auf alle Fälle sehr unangenehm. Dennoch braucht es keine fünf Monate, um die Folgen eines Skorpionstiches auszuheilen. Aber was viel wichtiger ist: Der Niedergang eines Meteors, auch wenn es sich hierbei nur um einen kleinen Körper gehandelt haben sollte, richtet enorme Verwüstungen an, wie wir inzwischen wissen. Also kann es kein ›Stern‹ gewesen sein, der auf die Erde fiel. Da aber beim Aufschlag ein Abgrund erzeugt wurde, aus dem Rauch hervorquoll, aus dem wiederum die Heuschrecken kamen, dürfte es sich hierbei eher um eine Art Bombe gehandelt haben, die eine giftige Substanz enthielt.
Betrachten wir die Geschichte durch die Brille moderner Erkenntnisse, dann ergibt sich folgendes Bild: Als die Bombe, Granate, oder was auch immer, detonierte, entstand eine Explosionswolke. Nur kamen aus diesem Rauch keine Heuschrecken, sondern Granatsplitter. Was dem Verfasser des Berichtes, auf jeden Fall dem Augenzeugen, da um die Ohren schwirrte, waren todbringende Geschosse, die durch ihre unregelmäßige Form ein hörbares Geräusch erzeugten. Dieses Surren in der Luft mag den Chronisten an das Summen von Heuschrecken erinnert haben. Möglich auch, daß die Heuschrecken nur als Vergleich dienten für das, was er da hörte. Daß die Insekten (Splitter) nur die Menschen schädigten, die nicht das Siegel Gottes auf der Stirn hatten, ist einleuchtend, denn man schießt nicht auf die eigenen Leute.

Natürlich war dieser Vorgang unerklärlich, ja eigentlich unmöglich. Wie aber überliefert man der Nachwelt eine Unmöglichkeit? Und so dürfen wir uns nicht wundern, wenn die Wirkung eines Sprengkörpers so beschrieben wird: »Und der Engel nahm das Räucherfaß und füllte es mit Feuer vom Altar und schüttete es auf die Erde. Und da geschahen Stimmen und Donner und Blitze und Erdbeben« (Offb. 8; 5).
Die Chronisten standen vor keiner leichten Aufgabe, als sie versuchten, Ereignisse zu schildern, die es aber aus heutiger Sicht nicht gegeben haben durfte. Wenn es jedoch keine Flugkörper gab und auch keine Bomben, warum ist dann in aller Welt darüber berichtet worden, wie aus nicht vorhandenen Fluggeräten ein nicht existierendes Etwas abgeworfen wurde? Die Schreiber rund um den Globus können doch unmöglich alle die gleichen, scheinbar absurden Gedanken gehabt haben.
Die Chronisten begriffen offenbar nicht, was sie da sahen. Und bekanntlich ist Unwissenheit nun mal ein schlechter Berichterstatter. So konnte der Schreiber im Ramajana nur erwähnen, daß Hanuman betäubt wurde, als ihn die göttliche Waffe traf. Der Zusammenhang blieb ihm jedoch verborgen. Von demselben Unglück wurden auch Rama und sein Bruder Lakshmana getroffen. Ebenfalls von dieser Waffe betäubt, dachten ihre Mitstreiter, sie seien tot. Doch plötzlich, nach geraumer Zeit, wurden beide wieder munter. Das begriff natürlich kein Mensch. Erst tot, dann wieder lebendig? Wodurch auch immer die Ohnmacht verursacht wurde – diese Waffe deutet auf eine hochentwickelte

Technologie hin. Und genau das ist der Punkt, der die Wissenschaftler dazu bewegt, solche Überlieferungen abzulehnen.
Wenn jedoch die Beschreibung von Rama während des Fluges in die Heimat den Forschern die Möglichkeit verschaffte, den Ort der damaligen Handlung zu identifizieren, dann sollten sie wenigstens erklären, warum nun alles weitere ein Märchen ist.
Das gilt ebenso für die anderen Mythen. Wir haben nicht den geringsten Anlaß, uns dessen zu schämen, daß schon einmal eine hochentwickelte Kultur existierte. Aber wir haben dann gleich mehrere Gründe, herauszufinden, warum die Menschheit wieder von vorn beginnen mußte.
Da wir so viel von Waffen gehört haben, soll in diesem Zusammenhang auf ein rätselhaftes Fundstück hingewiesen werden. Im Naturhistorischen Museum in London wird ein menschlicher Schädel gezeigt, dessen Alter auf 40000 Jahre datiert wird. An der linken Seite befindet sich ein kleines rundes Loch, von dem keine radialen Sprünge ausgehen. Das bedeutet, daß der Knochen von einem mit hoher Geschwindigkeit fliegenden Projektil durchschlagen wurde. Nach unseren Erkenntnissen ist aber nur eine Gewehrkugel schnell genug dazu. Ob dabei tatsächlich eine moderne Feuerwaffe im Spiel gewesen ist, kann natürlich nicht bewiesen werden. Auf jeden Fall paßt dieser Fund genau zu dem, was uns die Mythen erzählen.
Neben den schon erwähnten Flugmodellen gibt es noch Funde, die ebenso rätselhaft sind wie die schriftlichen Quellen. Und sie warten bis heute auf eine Deu-

tung, allein schon deshalb, weil ihnen keine oder nur wenig Beachtung geschenkt wurde.
Geologische Fakten haben den einschlägigen Fachleuten gezeigt, daß vor Tausenden von Jahren eine gewaltige Katastrophe unsere Erde erschütterte. Die rund um den Erdball anzutreffenden Sintflut-Geschichten bezeugen dies. Nun sind die Berichte über fliegende Objekte ebenso zahlreich wie die Sintflut-Erzählungen. Da aber bislang kein Flugzeug aus dem Altertum gefunden wurde, können solche Berichte nur Produkte phantasiebegabter Schreiber sein. Es ist zwar richtig, daß bisher kein Fluggerät entdeckt wurde, aber die noch heute seltsamen Fundorte stehen in einer engen Verbindung mit fliegenden Objekten. Der Zusammenhang ist hier ebenso deutlich zu erkennen wie der der Sintflut-Geschichten mit der globalen Katastrophe.
Es war Max Uhle, der 1901 im Nazca-Tal (Peru) seltsame Linien entdeckte, die, von oben betrachtet, an Straßen erinnern. Doch niemand interessierte sich dafür. Erst im Jahre 1941 begann Paul Kosak, Dozent für Geschichte an der Long-Island-Universität (USA), mit den Untersuchungen. Nicht nur die Linien, auch überdimensionierte Tierdarstellungen – Vogel, Affe, Spinne – waren für ihn ein Rätsel. Seither sind diese ›Straßen‹ von einigen Autoren als prähistorische Landebahnen für Flugmaschinen bezeichnet worden. Inzwischen hat jedoch eine Wissenschaftlerin aus Lima, Maria Reiche, herausgefunden, daß einige Markierungen astronomische Funktionen besaßen. Die Expertin hatte Professor Kosak für seine Arbeiten ge-

winnen können, die sie nach dessen Tod im Jahre 1959 weiterführte. Von der ›Internationalen Forscher-Gesellschaft‹ in Florida erhielt Maria Reiche 1975 einen Preis für ihre hervorragenden Arbeiten im Nazca-Tal. Sie hat einiges entdecken können, doch das Geheimnis der Tierdarstellungen, von denen einige mehrere hundert Meter lang sind, konnte auch sie nicht lösen.
Allein schon die Frage, wie diese Figuren hergestellt wurden, kann nicht beantwortet werden. Die Nachbildungen sind nämlich in ihrer ganzen Ausdehnung nur aus der Luft erkennbar. Auf dem Boden bemerkt man überhaupt nicht, daß man in oder auf einer Figur steht. Es ergibt aber keinen Sinn, ein Bild anzufertigen, das später unsichtbar bleibt. Und da es vom Erdboden aus nicht zu sehen ist, kann es schwerlich aus der Bodenperspektive hergestellt worden sein.
Diese Figuren erscheinen völlig sinnlos. Und doch müssen sie einem Zweck gedient haben. Aber bestimmt waren sie nicht dafür gedacht, den Archäologen von heute Rätsel aufzugeben. Solche riesenhaften Nachbildungen finden wir auch in Europa. Sie wurden in England entdeckt. Inzwischen sind sie als der ›Lange Mann von Wilmington‹ und als das ›Weiße Pferd von Uffington‹ in Fachkreisen bekannt geworden. Von den Fachleuten wird vermutet, daß die Nachbildungen um die Zeitenwende entstanden.
Auch hier sind die Figuren in ihrer vollen Ausdehnung nur aus der Fliegerperspektive zu erkennen. Die Abbildungen sind also offensichtlich entworfen, um aus der Luft erkannt zu werden. Aber warum, wenn es keine Fluggeräte gab?

Für kultische Handlungen kommen sie jedenfalls nicht in Betracht, denn die fanden bekanntlich auf dem Erdboden statt.
Nicht weniger rätselhaft ist ein riesiger, einige hundert Meter langer Dreizack, den die Einheimischen ›Los Tres Cruces‹ oder ›Dreizack der Anden‹ nennen. Etwa 300 Kilometer südlich von Lima trifft man auf die Bucht von Pisco. Dort haben unbekannte Meister das überdimensionierte Gebilde in die Steilküste gegraben, das an einen Kandelaber erinnert. »Gegraben« ist das zutreffende Wort, denn die Küste besteht nicht aus Felsgestein, sondern aus Sand. Der hat allerdings merkwürdige Eigenschaften: Darin erzeugte Spuren erhalten sich trotz manchmal stürmischer Wetterlage über Jahrhunderte, wenn nicht gar Jahrtausende.
Hier stehen wir ebenfalls vor der Frage, wozu der riesenhafte Dreizack benötigt wurde. Er ist, so eigenartig das auch sein mag, viel früher aus der Luft als vom Wasser aus zu erkennen. Weitere übergroße Figuren fanden Experten in Chile und Kalifornien. Und wer kann sagen, wie viele solcher Nachbildungen verlorengingen, weil sie wegen ihrer enormen Ausdehnung nicht erkannt wurden.
Aber die Frage bleibt, warum man die Figuren geschaffen hat. Offenbar doch, damit sie von oben, also von einem Flugkörper aus, gesehen werden konnten. Daher dienten sie wohl als Richtungsweiser. Jetzt könnte ein Kritiker einwenden: Wer Flugzeuge besitzt, der benutzt ein Funkgerät. Solche Markierungen wären als Orientierung dann überflüssig. Warum? Weil wir es nicht anders kennen? Es ist erst wenige

Jahrzehnte her, da flogen die Piloten nur nach Sicht, weil die erforderlichen Funkstellen fehlten, obwohl es bereits Funkverkehr gab.
Die erwähnten Figuren wurden mit Sicherheit nicht von der Bahama-Kultur geschaffen, sondern von deren Nachkommen. Es wurde ja schon gesagt, daß sie zwar ihre Heimat verloren hatten, nicht aber ihr Wissen. Und bekanntlich ist der Mensch gerade in der Not erfinderisch. Sie bauten also mit Bestimmtheit einige Flugmaschinen, soweit es ihnen möglich war. Aber eine weltweite Funkkette aufbauen ist etwas ganz anderes. Die Stationen hätten zwar automatisch arbeiten, aber dennoch gewartet werden müssen. Obwohl die Überlebenden in den Jahrtausenden nach der Katastrophe sich allmählich vermehrten, waren sie nicht so zahlreich, um die Aufgabe zu lösen. Denn vor allem galt es, die Stationen zu schützen. Nomaden hätten früher oder später solche Anlagen entdeckt und natürlich neugierig untersucht. Nach der Begutachtung wäre wohl nicht mehr viel übriggeblieben. Deshalb also solche Markierungen.
Da diese These sicher abgelehnt wird, müssen wir ein weiteres Rätsel den schon bestehenden hinzufügen. Es kann jedoch nicht im Interesse der Wissenschaftler sein, ein Weltbild aus Ungereimtheiten aufzubauen.

Natürlich ist das mehr oder weniger gut gesichert, was heute anerkannt ist. Aber solche Fakten, wie die hier erwähnten, gehören ebenfalls zum überlieferten Gut der Alten.
Einiges deutet offensichtlich auf eine frühe Hochkul-

tur hin. Andere Dinge zeigen ein hohes Niveau, sind aber kaum weiter entwickelt, als es für die entsprechende Epoche zu erwarten ist. Dieser scheinbare Widerspruch läßt sich erklären.

Hier laufen, nach unserer Überzeugung, drei Entwicklungsstufen durcheinander. Einmal werden wir mit dem Wissen konfrontiert, das nur in einer alten Hochkultur vorhanden gewesen sein kann. Dann stoßen wir auf Fakten, die wir offenbar den Nachkommen der untergegangenen Zivilisation zu verdanken haben. Mit ihrem noch vorhandenen Wissen konnten sie zwar einiges auf die Beine stellen, doch, ihrer technologischen Möglichkeiten beraubt, waren ihnen Grenzen gesetzt. Und dann finden wir natürlich auch das, was unsere direkten Vorfahren schufen.

Das globale Unglück vor etwa 12000 Jahren hat die Entwicklung der Menschheit schlagartig unterbrochen. Sie mußte wieder von vorn beginnen. Dazwischen aber gibt es jene Lichtpunkte, die davon künden, daß der Mensch sehr viel früher erwachte. Wenn wir gelernt haben, zwischen diesen drei Entwicklungsstufen zu unterscheiden, ist der erste Schritt getan, die Rätsel der Vergangenheit zu lösen.

Ausklang

Ein alter Upanischad-Text (Indien) sagt: »Wie Ströme, die ins Weltmeer fließen, sich von Name und Gestalt befrein, geht gestalt- und namenlos der Weise zu dem göttlich-höchsten Geiste ein.« So wie die Ströme ihren Namen verlieren und ihre Gestalt verlieren und damit ihre Eigenständigkeit aufgeben, sobald sie die Weltmeere erreicht haben, so werden uns die frühen Erfinder wohl für immer unbekannt bleiben. Sie sind im Fluß der Zeit dahingegangen und entschwanden aus dem Bewußtsein der Nachkommen, als sie in das große Zeitmeer eingingen. Aber an ihrem Wirken erkennen wir, daß die Entwicklung der Menschheit anders verlief, als es heute noch vielfach angenommen wird. Es gibt einfach zu viele Ungereimtheiten, die wir trotz unseres inzwischen erlangten Wissens nicht entschlüsseln konnten. Das zeigt uns zwar, welche Kenntnisse die Alten besaßen, doch ist das zu wenig, um jenes Niveau zu erreichen, das uns in den Mythen beschrieben wird. Um zu solch einem Standard zu gelangen, muß eine breite Masse gebildeter Menschen vorhanden sein, um eine Idee zu begreifen und auch zu verwirklichen. So könnte ein Flugzeugkonstrukteur mit seinen Entwürfen wenig anfangen, wenn nicht ein Team hochqualifizierter Fachleute bereitstünde, die Entwürfe zu realisieren.

Ohne Frage waren die Handwerker vor einigen tausend Jahren Meister ihres Fachs. Und der Baumeister irgendeiner Anlage wurde sicher von den Priestern unterstützt. Aber es läßt sich nicht leugnen, daß sie längst nicht mehr über das Wissen verfügten, das vor ihnen bekannt gewesen sein muß. Auf seine handwerklichen Fähigkeiten kann der Mensch nicht verzichten, wenn er überleben will. Dagegen wird er sein Gehirn, schon aus Bequemlichkeit, nur soweit beanspruchen, wie es nötig ist.

Als unsere Vorfahren in die Berge flüchteten, wollten sie ihr Leben retten. Wer aber um seine Existenz ringt, macht sich keine Gedanken darüber, wie man zum Beispiel Email auf einen Werkstoff aufträgt. Daran denkt man erst wieder, wenn das Dasein gesichert ist und der Mensch glaubt, eine Zukunft zu haben. In 2000 oder 3000 Jahren (so lange dürfte der Aufenthalt in den Bergen gedauert haben) kann alles vergessen werden, was einmal als wichtig angesehen wurde. Beispiele dafür gibt es genug. So konnten die Bewohner der Osterinsel bei der Ankunft der ersten Europäer schon lange nicht mehr die Schrift ihrer Vorfahren lesen. Aus unserem Bewußtsein entschwand der Kontinent Amerika. Und solche großartigen Kulturen wie die der Hethiter, Sumerer, Mohenjo-Daro, La Venta (Olmeken) und so weiter mußten erst wieder entdeckt werden. Damit wurde klar, daß nicht allein in Ägypten unsere Ahnen schon früh zu einer höheren Daseinsform gefunden hatten.

Seitdem die Archäologie zur Wissenschaft aufstieg, ist den Fachleuten eine Überraschung nach der anderen beschert worden. Es kamen nämlich weitere Kulturen ans Tageslicht, die älter sind als die bislang bekannten Zivilisationen. So wurde in den fünfziger Jahren unseres Jahrhunderts auf der Insel Bahrain im Persischen Golf eine Kultur entdeckt, die nur einige Male auf sumerischen Tontafeln genannt wird. Und da meist von Göttern die Rede ist, glaubten die Fachleute, es sei eine Region, in der himmlische Wesen beheimatet waren, also etwa das, was bei den Griechen der Olymp war. Daß es sich um kein Phantasieland handelte, sondern dort einst eine weitentwickelte Kultur existierte, erfuhr die Welt durch die Arbeiten des dänischen Archäologen Geoffrey Bibby. Als er 1953 anfing auf Bahrain zu graben, ahnte Bibby nicht, daß er auf eine Kultur gestoßen war, die sich rund um den Persischen Golf ausgebreitet hatte und die älter ist als die in Ägypten und Sumer. Er nannte sie ›Dilmun‹.

352 Seiten, DM 32,–